U0678418

本著作系海南大学"中西部高校提升综合实力工程"之"海南文化软实力科研创新团队"系列成果之一

人生意义的重建
及其限制

"潘晓难题"的文学展现（1980~1985）

朱 杰◎著

社会科学文献出版社
SOCIAL SCIENCES ACADEMIC PRESS (CHINA)

摘　要

　　本书以发表在《中国青年》1980 年第 5 期上的潘晓来信为引子，将潘晓在信中所暴露出来的两难之境——一方面，毛泽东时代的理想不再可信；另一方面，为那一理想所打造出来的"精神结构"又需要理想来填充——概括为"潘晓难题"。本书将"潘晓难题"视为一个创作母题，认为在 20 世纪 80 年代前半期，有一系列重要作品，都试图回应此难题并给出自己的解决办法。

　　本书第一章详细比较了《青春之歌》与《北极光》，发现当"新时期"的"林道静"出现时，她竟然找不到可以引导她的"卢嘉川"。接下来，本书将另外两部在当时引起争议的小说引入讨论，并分析指出，《北极光》中的"引导者"的困境其实颇具典型性，而 20 世纪 80 年代"历史观"的巨大变化，正与此困境的产生有着重大的联系。笔者认为，这一找不到"引导者"的困境，其实颇具"隐喻"性质——自此之后，怀抱"潘晓难题"的人们，将在无人指导的情况下，尝试找出将自身纳入"共同体"之中的方式。

　　第二章处理的是所谓工业题材。笔者认为，在新的时期，工业题材中的"正面人物"形象发生了重大转变——从毛泽东时代"又红又专"的工人，到现在既具"管理知识"又能认可"管理者"的优秀工人这二者的结合——《赤橙黄绿青蓝紫》中解净与刘思佳的组合，正是实现这一"结合"的尝试。因此，一方面，是旧的"革命政治"动员方

式遭到唾弃；另一方面，是新的诉诸"现代化"的动员方式的崛起。但是，新的诉诸"现代化"的方式，又有使工人乃至整个社会重新陷入"异化"状态的危险前景，面对如此困境，此时期"工业题材"创作的领军人物蒋子龙率先选择了放弃此种尝试。

第三章处理的是所谓军旅小说。一方面，面对新时期巨大的"政治冷感"，传统的政治动员方式正遭遇巨大的危机——《高山下的花环》中需要自我救赎的，恰恰是一位"指导员"，这正是对此种危机的表征；另一方面，为了赋予"个人"献身"国家"这件事情以合理性，人们又不得不动用"乡土中国"的叙事和修辞资源，以"农村妇女"的"传统美德"来针砭那些自私自利者。值得注意的是，当人们还是依照传统的笔法来创造"英雄"时，他们似乎终归难免落到进退失据的"无根"状态。

第四章以《人生》为中心，讨论了被"军旅文学"引以为据的"乡土中国"意义的变迁。在董加耕的时代，农村被赋予实现社会主义革命理想的重要意义，而在"新时期"，路遥笔下的高加林身上所代表的"现代化"蓝图，似乎构成了对于古老"乡土中国"的正面否定。

第五章围绕"王润滋论题"与张炜的创作，探讨了"现代化"叙事本身面临的问题。"王润滋论题"所展示的，是"乡土中国"的"美德"与"现代化"之间的对抗关系；张炜的写作则试图破解此难题，即一方面告别"传统道德"，另一方面又试图将代表"现代化"的力量表述为为乡村谋利益而非与乡村对立，但是，这样的尝试并不成功；与之相对应，他笔下的主人公也表现出"哈姆雷特"式的"孤独"。

在结论部分，笔者认为张炜小说"孤独者"的出现，其实正表明"潘晓"们重新讲述"正面"故事、塑造"正面人物"的失败——因为刘思佳、赵蒙生、高加林和李芒们，最终都没能将自己成功地纳入某一"共同体"（对刘思佳们而言是"工人阶级"、对赵蒙生们而言是"国家"、对高加林们而言是"乡土中国"、对李芒们而言是"弱势群体"），而他们的尝试之所以失败，恰恰正是因为他们在"革命政治"之外另觅资源以支撑"正面人物"的企图，似乎并未获得成功。另一方面，以1985年为界，在文学创作中，一大批"孤独"的"个人"开始涌现，"个人"与"共同体"之间矛盾的展现方式，也以"个人"对"共同体"彻底反叛为特点——那种竭力想将"个人"稳妥地安置于"共同体"之中的努力，也就此告一段落了。

目　录

| 导论 |

"潘晓难题"

　　"二十年前的那个五月，不知道有多少人是在不经意中翻开这个封面的！翻开这封面，他们就猝不及防地发现，他们翻开了一片电场、一声惊雷、一阵震撼……"①

　　为回忆者如此虔诚追念的"二十年前的那个五月"，乃是指1980年的5月；"这个封面"所代表的杂志，乃是1980年第5期的《中国青年》；被回忆者喻为"一片电场、一声惊雷"的，正是刊载于该期《中国青年》上的"潘晓来信"："人生的路呵，怎么越走越窄？"——"时间"、"地点"、"人物"皆已齐备，可是在那"电场"与"惊雷"之中，究竟上演了怎样惊心动魄的一幕呢？

　　还是先来看看"幕布"甫一拉开时的情景吧：

编辑同志：

　　我今年二十三岁，应该说才刚刚走向生活，可人生的一切奥秘

---

①　彭明榜：《"潘晓讨论"始末》，彭波主编《"潘晓"讨论——一代中国青年的思想初恋》，南开大学出版社，2000，第3页。

和吸引力对我已不复存在，我似乎已走到了它的尽头。反顾我走过来的路，是一段由紫红到灰白的历程；一段由希望到失望、绝望的历程；一段思想的长河起于无私的源头而最终以自我为归宿的历程。①

语出惊人："尽头"、"灰白"、"失望"、"绝望"、"自我"——这些词语，似乎猛地从人们早已循规蹈矩遵循若干年的话语结构之中奔突而出；而末尾一句，作者爽性挑出自己由"无私"到"以自我为归宿"的思想流变史，更是直接挑战了若干年来人们的"阅读期待"！作者接下来的几段话，怕是更容易激起时人的认同：

过去，我对人生充满了美好的憧憬和幻想。小学的时候，听人讲过《钢铁是怎样炼成的》和《雷锋的日记》。虽然还不能完全领会，但英雄的事迹也激动得我一夜一夜睡不着觉。我还曾把保尔关于人生意义的那段著名的话："人的一生应当这样度过：当回忆往事的时候，他不会因为虚度年华而悔恨，也不会因为碌碌无为而羞愧……"工工整整地抄在日记本的第一页。我想，我爸爸、妈妈、外祖父都是共产党员，我当然也相信共产主义，我将来也要入党，这是毫无疑义的。

后来，我偶然看到一本过去出的小册子《为谁活着，怎样做人》。我看了又看，完全被迷住了。我开始形成了自己最初的、也是最美好的对人生的看法：人活着，就是为了使别人生活得更美

---

① 潘晓：《人生的路呵，怎么越走越窄？》，《中国青年》1980 年第 5 期。本书所引"潘晓来信"的文字皆从此出，下文不再一一注明。

好；人活着，就应该有一个崇高信念，在党和人民需要的时候就毫不犹豫地献出自己的一切。我陶醉在一种献身的激情之中，在日记里大段大段地写着光芒四射的语言，甚至一言一行都模仿着英雄的样子。

可是，我也常隐隐感到一种痛苦，这就是，我眼睛所看到的事实总是和头脑里所接受的教育形成尖锐的矛盾……我有些迷茫，我开始感到周围世界并不像以前看过的书里所描绘的那样诱人。我问自己，是相信书本还是相信眼睛，是相信师长还是相信自己呢？我很矛盾。

为保尔和雷锋的英雄事迹所召唤，准备为共产主义事业而献身——这样的成长史，大概对每一个"毛主席的孩子"而言都不陌生。然而，"文化大革命"中家人被迫畏畏缩缩的表现、亲人之间关系冷酷一面的暴露，以及作者对"组织"、"友谊"、"爱情"等的失望，都与作者以前惯熟的"人生的意义"相左、矛盾、冲突，由此，作者也陷入了深刻的迷茫之中：

为了寻找人生意义的答案，我观察着人们。我请教了白发苍苍的老人，初出茅庐的青年，兢兢业业的师傅，起早摸黑的社员……可没有一个答案使我满意。如说为革命，显得太空不着边际，况且我对那些说教再也不想听了；如说为名吧，未免离一般人太远，"流芳百世""遗臭万年"者并不多；如说为人类吧，却和现实联系不起来，为了几个工分打破了头，为了一点小事骂碎了街，何能奢谈人类？如说为吃喝玩乐，可生出来光着身子，死去带着一幅皮囊，不过到世上来走一遭，也没什么意思。有许多人劝我何必冥思

苦想，说，活着就是为了活着，许多人不明白它，不照样活得挺好吗？可我不行，人生、意义，这些字眼，不时在我脑海翻腾，仿佛脖子上套着绞索，逼我立刻选择。

我求助于人类智慧的宝库——拼命看书，希望从那里得到安慰和解答……我躺在床上辗转反侧，想呀，使劲地想，苦苦地想，我平静了，冷漠了。社会达尔文主义给了我深刻的启示。人毕竟都是人啊！谁也逃不脱它本身的规律。在利害攸关的时刻，谁都是按照人的本能进行选择，没有一个真正虔诚地服从那平日挂在嘴头上的崇高的道德和理想。人都是自私的，不可能有什么忘我崇高的人……过去，我曾那么狂热地相信过"人活着是为了使别人生活得更美好"，"为了人民献出生命也在所不惜"。现在想起来又是多么可笑！

作者在这里的心境、态度，应该说是焦灼而矛盾的：一方面，她似乎想用自己对生活冷酷面（"社会达尔文主义"）的发现来说服自己"安静"下来——于是，在后面的文字中，"看透"了的作者，说出了那句轰动一时的话："我体会到这样一个道理：任何人，不管是生存还是创造，都是主观为自我，客观为别人。"但是另一方面，作者又是一位对生活的"意义"充满了急切渴望的、躁动不安的追寻者——"有许多人劝我何必冥思苦想，说，活着就是为了活着，许多人不明白它，不照样活得挺好吗？可我不行，人生、意义，这些字眼，不时在我脑海翻腾，仿佛脖子上套着绞索，逼我立刻选择。"——以至于即使有对现实的冷静分析摆在那里，作者也无法彻底释怀："对人生的看透，使我成了一个双重性格的人。一方面我谴责这个庸俗的现实；另一方面我又随波逐流。"

所谓"进退失据",大概也正是作者此刻心态的写照。

因此,一方面是"意义"的失落,另一方面,却又是对"意义"的强烈需要。如果说,伴随她成长的那些"意义"的失落,看来是事出有因的因而对她来说尚可接受的话,那么现在,抬眼望去,前路茫茫,若一路走去,将很可能缺乏任何明确"意义"的指引——这令作者感到了极度不安。"有人说,时代在前进,可我触不到它有力的臂膀;也有人说,世上有一种宽广的、伟大的事业,可我不知道它在哪里。"这里的问题,应该是两个:首先,"个人"从原先的意义系统之中"滑落"而出;其次,这个需要意义的"个人",她希望自己能与新的意义"对接",却发现其实没能"对接"上——身处此无着无落的境地,作者方才由衷地发出了那句震撼了一代人的感慨:"人生的路呵,怎么越走越窄!"

然而,陷入困境的作者,却也并非彻底无助。她告诉我们,现在,"文学"成了能够令她暂时心安的寄托:

> 当然,我不甘心浑浑噩噩、吃喝玩乐了此一生,我有我的事业。我从小喜欢文学,尤其是在历尽人生艰辛之后,我更想用文学的笔把这一切都写出来。可以说,我活着,我现在所做的一切,都是为了它——文学。

于是,一份"思想危机"的记录,以"意义"的失落始,最终却落脚到"文学"之上——我们在这"思想"与"文学"之间,究竟能够感觉出怎样的张力?

我们的分析,还是先从"潘晓来信"开始吧。

　　此信一发表，立刻引起人们的极大关注。① 关注的原因，首先当然是其时弥漫于社会之中的"信念危机"：实际上，就在"潘晓来信"之前，《中国青年》上就已经有对所谓"看透"问题的讨论，其所反映的社会情绪，与"潘晓来信"所反映的，有诸多相同之处；而"潘晓来信"发表之后，能够在短时间内引起全国范围的热议，也说明"潘晓来信"的确应和了其时普遍存在的一种社会情绪和心理。当然，对于这一时代情绪和心理，我们当然可以从诸多方面加以解说②；本书则拟从

---

① "刊有'潘晓'信的那期杂志是 5 月 11 日发行，14 日编辑部就开始收到读者参与讨论的来信，17 日上升到 100 件，27 日突破了 1000 件，之后一直保持在每天 1000 件左右。据 6 月 9 日的统计，不足一个月就收到了两万多件。对于读者来信的涨势，马笑冬……介绍得很形象：'开始几天，邮局的人是用背的那种小邮包送信，不久后就改为大邮袋了，再到后来每天都用'蹦蹦车'。"（彭明榜：《"潘晓讨论"始末》，彭波主编《"潘晓"讨论——一代中国青年的思想初恋》，南开大学出版社，2000，第 14 页）

② 美国学者谢淑丽（Susan Shirk）对于毛泽东时代中国教育的分析，似乎可为我们提供社会学方面的借鉴。谢淑丽认为，一个社会在面对"机会分配"的问题时，或依据个人的才能，或依据个人与生俱来的特征（如种姓、性别等）。以改造社会、创造"新人"为目标的革命中国，则将"机会分配"与"德性统治"联系起来：那些最好地示范了"革命"所鼓励与期待的"德性"的人，得到机会的比率也更大。

　　革命中国之所以选择"德性统治"，原因有三。第一，它有利于促进社会转型。"通过对政治忠诚、行动积极、平等主义和合作行为的嘉奖，中国革命的领导者们试图以此激励全体人民都来实现这些道德价值。"第二，通过"德性"来召唤、动员民众，其成本较物质刺激更低，由此可以充分利用中国的人力资源，以弥补资金等的不足；同时，"毛泽东也希望……就像某种集体主义形式的新教伦理一样，'被组织起来的德性的力量'也能够刺激经济的增长。"第三，对"德性"的表彰，有利于统治的巩固，并获得政权的合法性。"较之依照才能或出身进行的分配，德性统治更有利于政治控制。因为政治意义上的德性的定义是宽泛和灵活的，精英们可以利用这一德性标准提拔他们的忠实拥护者、对那些潜在的威胁者则降级另用。如此创造出来的政治上成功的阶梯，使得他们能够孤立和弱化商业集团、知识分子集团或贵族集团，这些集团的权力部分地来自其能人地位或者世袭地位。例如，所有想要申请进入大学的人，都得接受政治和学术水平的双重考察，　（转下页注）

(接上页注②)这就使得中国知识分子们更加难以在学校和大学里建立自己的权力基地,这也使得资产阶级家庭更加难以维持其历来就有的对工人和农民家庭的优越性。德性统治同样是新政权之合法性的重要来源。与韦伯所说的克里斯玛一样,德性是一种个人素质,且为群众所珍视。当革命领导者们奋不顾身地投身于推翻旧政权残暴的压迫者的斗争之中时,他们已经赢得了广泛的尊重。德性统治所倡导的平等主义,又进一步使得新体制合法化;在以前的能人制或世袭制统治下无所作为的团体——在中国,就是工人和农民——认为德性统治增加了他们获得成功的机会。"

与此同时,社会主义时期中国社会的"机会结构",则呈现如下几个特点。第一,机会有限。"尽管精英的位置在所有社会都属稀缺,在一个像中国这样通过控制劳动力分配和城乡移民来限制现代城市部门发展的体制中,令人向往的机会就显得格外稀缺。"第二,城乡差别。城乡差别使得城市与农村的生活水平具有显著区别,同时由于中国采取严格的"城乡分治",农村人口也无法轻易获得城市户口。第三,整体性的分配。在没有劳动力市场的情况下,国家垄断了对一切机会的分配。"在国家社会主义社会,不仅教育水平与职业之间有特别紧密的配合之处,而且职业与获得商品和地位之间也有特别紧密的配合之处。职业不仅是个人收入的主要决定因素,它还是获取消费品、社会尊重和政治影响力的主要决定因素。官员和科学家拥有大量的消费机会、更高的地位和更多的权力,而尽管名义上是社会尊重的对象,农民实际上却为社会所看不起,又贫穷又没有权力。"

但是,有几个因素使得人们普遍对"德性统治"之下的"机会分配"感到不满。首先也是最重要的,就是评判标准的模糊与主观——判断一个人思想是否先进,唯一的标准就是看他的行动,但是对一个人行为的评价却可以有多种(比如从行为的结果来判断,或者从行为的动机来判断)。而且,判断标准的模糊与主观,也使得弄虚作假、做表面功夫的现象泛滥开来。而由于真正的积极分子与弄虚作假者之间很难区分,这也就给领导部门的武断留下了空间。第二,评判一个人——比如一个学生——品德是否良好,参与评判的人不仅有老师和学校领导,还包括他自己的同班同学,特别是其中的党团员和学生积极分子,这造成了两个后果:一方面,由于党团员拥有对一个人进行政治评判的权力,为了保证自身政治上的安全,最为安全的策略是对其敬而远之;另一方面,那些在政治上居于高位的党员或团员同学,出于维护自身地位的需要,也不愿意让过多的新人加入。第三,"德性统治"之下的竞争造成了人们之间的互相伤害。"在中国和其他革命政权之中,德性行为必然包括在其同事看来代价高昂的行为。品德良好者被要求监视其他人,并在公开场合对其加以批评和上报领导。对德性体制之下的政治生活来说,互相批评和互相监督……是其核心。每个人都被希望参与其中……" (转下页注)

"文化政治"① 的角度入手，展开一些初步的分析。

──────────

（接上页注②）如此，在"文化大革命"之前，"德性统治"便已造成如下的严重社会后果：一是投机行为的蔓延，人们越来越趋向于认为某个人的"善于表现"其实是出于虚伪而非真诚；二是溜须拍马、寻找靠山；三是对"积极分子"敬而远之，因为"积极分子"永远是少数，其他人为了不使自己的缺点错误成为"积极分子"的晋身之阶而选择与他们保持距离。

而"文化大革命"的开始，则使得情况进一步恶化。"文化大革命乃是毛泽东对解放后17年中国社会严重弊端——官僚精英和阶级特权的增长、资产阶级智识和社会价值的延续以及革命热情向利己主义和机会主义的蜕变——的应急之策。他认为这些弊病并非源于残余传统的影响，而是现存制度的产物。然而，他的药方却是增强而非打破德性统治。他支持用更多的政治教育、更多的相互批评与斗争、更多的群众动员以及对积极分子更多的提拔，来解决中国的问题。他希望通过增强德性统治来对抗能人统治和世袭统治的威胁。他将诸如学术水平测试和工业技能等级制等能人政治实践，视为资产阶级集团在学术和经济体制中持续占据统治地位的基础。在他看来，强调阶级出身的世袭制实践，很大程度上要为懒惰而又自满的官僚精英力量的增长负责，他们更为关心的是为其子女大开方便之门，而不是为人民服务。据他分析，个人野心、投机主义和利己主义等问题，不是因为德性统治太多了，而是因为德性统治太少了。"

但是，"文化大革命"并没有使机会变得更为平等。在教育方面，依照其人的政治思想水平推荐入大学的政策，由于前述评判标准的模糊与主观和缺乏客观监督，成为了手握实权的官员们为其子女徇私的工具；同时，"文化大革命"时期的派系斗争的特征之一，就是其夸张的政治修辞——任何事情，都可以"上纲上线"到"道德"的高度。但是，也就是在"文化大革命"之中，人们越来越怀疑，如此夸张的政治修辞，不过是各个派系谋求私利的遮羞布而已，从高层的政治斗争到地方上的冲突，都是如此。如此，人与人不仅相互之间产生了疏离感，个人与国家之间也产生了疏离（Susan L. Shirk, *Competitive comrades*: *career incentives and student strategies in China*, Berkeley: University of California Press, 1982）。

① 关于何谓"文化政治"，本书在此只能尝试给出一个大概的解释：首先，在"文化政治"的视野中，人们对于"政治"这一概念的理解，已与平常大为不同："文化研究的影响之一是它改变了什么是'政治'的观念。事实上，那些在对文化的研究中想要采用'文化政治'这个术语的人，大多会主张'任何东西都是政治的'。他们借此旨在说明任何东西都是一个被争夺的权力关系问题……这意味着从更惯常的关于什么是政治的观念——议会、政党、国际关系、国家制度、官僚机构、工会等——转移开，并拓宽研究的 （转下页注）

(接上页注②)领域，把政治（学），还有日常生活的政治（学）都包括进去。"（阿雷恩·鲍尔德温等：《文化研究导论》，高等教育出版社，2004，第228页）而单世联则对所谓"文化政治"一词中"文化"的义涵，有更为细致的概括。

……如果说现代政治关注于改变经济与国家的结构，而文化政治则关注于日常生活实践，主张在生活风格、话语、躯体、性、交往等方面进行革命，目的在于推翻特殊机构中的权力与等级，将个人从社会压迫和统治之下解放出来，解放受到资产阶级社会现实性原则压制的创造性精神。"文化政治"不是指文化可能具有政治功能，也不是指文化革命作为政治革命的先导，而是文化本身就是一种至关重要的权力和斗争的场域，它既可以巩固社会的控制，也使人们可以抵制与抗争这种政治。第一，"文化政治"的"文化"不是阿诺德/利维斯传统和席勒主义的那种普遍性的力量、共同人性、共享的价值观，而是从抑制特殊、逾越鸿沟的普遍性力量转成为冲突的地带和斗争的场所，是对一种特殊身份——国家的、性别的、种族的、地域的——的肯定而不是超越。第二，"文化政治"的"文化"不是先验存在的本质的表达形式，而是创造新的本质、新的社会形式、新的行为和思考方式、新的观念的社会和物质的力量，是对"命运"、"自然"和"社会现实"这些似乎预先存在的东西进行重组，可以维护也可以质疑政治惯例、道德规范、社会实践和经济结构。第三，"文化政治"的"文化"不是反映现实的镜子或建基于经济/政治的"副现象"，而是在建构我们对现实的感受方面起着重要的作用，形象和符号就是我们所拥有的唯一的现实，随着文化大规模地扩展、渗透到生活的各个方面，文化的政治潜能也获得了新的实现空间。要言之，文化不再是普遍的观念性存在，而是物质实践、政治斗争的一种形式。（单世联：《文化、政治与文化政治》，《天津社会科学》2006年第3期）

而在克里斯·巴克（Chris Barker）看来，所谓"文化政治"，其核心要义，即在谁有权来"表征"世界，并使之获得合法地位——根据他的说法：

文化政治与命名处于通常意义和"官方"版本的社会和文化世界之中的物体和事件，并因此使之合法化的权力有关。文化政治的核心议题之一，就是文化乃是这样一个场域，在其中，为了取得优势地位，互相处于竞争状态的意义和关于世界的说法彼此斗争。特别是，意义和真理在权力类型的内部被铸成，且面对论争的过程。因此，文化政治可被理解为表征世界（represent the world）且使得某类描述"生效"的能力。在此，通过对社会秩序和未来可能性的重新思考和重新描述，社会变革成为可能。

一切形式的文化表征天生就具有"政治性"，因为它们与这样一种权力有关，这种权力使得某类知识和身份得以存在，而拒斥其他类型的 （转下页注）

"潘晓来信"之所以能令无数读者动容，大概是因为它真切地传达了作者在进退失据之时的那份彷徨无措和焦虑不安。如果说，原先那充满了"意义"的世界，能够让"潘晓"感到"心安理得"，那么现在，这"意义"已然失落离散的世界，而只能让"潘晓"有流离失所、无家可归的感觉——我们是否可以说，"潘晓"的"身体感觉"所体现的，正是某种对于"共同体"的渴望？

根据鲍曼的描述，"共同体"正是这样一个同样也诉诸"感觉"的"好词"："词都有其含义，然而，有些词，它还是一种'感觉'（feel），'共同体'（community）这个词就是其中之一。'共同体'给人的感觉总是不错的：无论这个词可能具有什么含义，'有一个共同体'、'置身于共同体中'，这总是好事。"① 接着，他详细描述了"共同体"所带给人的"感觉"：

> 首先，共同体是一个"温馨"的地方，一个温暖而又舒适的场所。它就像是一个家（roof），在它的下面，可以遮风避雨；它又像是一个壁炉，在严寒的日子里，靠近它，可以暖和我们的手。可是，在外面，在街上，却四处潜伏着种种危险；当我们出门时，

（接上页注②）知识和身份。例如，将女性描述为具有同等社会权利和责任的人类和公民，与视女性为低人一等的、其身体乃是为取悦男人而设的佣人，是大相径庭的。较之用妓女、骚货和仆人来描述女性，用公民身份的语言来描述女性，便是对常识和官方意识形态极为不同的表征了。公民身份的语言使得女性在商业和政治之中的位置得以合法化，而性和家庭奴役的语言则拒斥这一位置，试图将女性囚禁于传统的家庭范围之中，且成为男性凝视的对象。（Chris Barker, *The SAGE Dictionary of Cultural Studies*, Sage Publications, Inc, 2004, P.41）

　　不用说，身处"话语"急剧转换的1980年代，哪一套关于世界的说法能够成为新的主流，正是一个重大的"文化政治"问题。

① 齐格蒙特·鲍曼：《共同体》，凤凰出版传媒集团、江苏人民出版社，2007，序曲第1页。

要打量着我们正在交谈的对象和与我们搭讪的人，我们每时每刻都处于警惕和紧张之中。可是在"家"的里面，在这个共同体中，我们可以放松起来——因为我们是安全的，在那里，即使是在黑暗的角落里，也不会有任何危险（诚然，这里几乎没有任何"角落"是"黑暗"的）……

其次，在共同体中，我们能够互相依靠对方。如果我们跌倒了，其他人会帮助我们重新站立起来。没有人会取笑我们，也没有人会嘲笑我们的笨拙并幸灾乐祸。如果我们犯了错误，我们可以坦白、解释和道歉，若有必要的话，还可以忏悔；人们会满怀同情地倾听，并且原谅我们，这样就没有人会永远记恨在心。当我们悲伤失意的时候，总会有人紧紧地握住我们的手。当我们陷于困境而且确实需要帮助的时候，人们在决定帮助我们摆脱困境之前，并不会要求我们用东西来作抵押；除了问我们有什么需要，他们并不会问我们何时、如何来报答他们。他们几乎从来不会说，帮助我们并不是他们的义务，并且不会因为在我们之间没有迫使他们帮助我们的契约，或是因为我们没能恰当地理解这一小小的契约书而拒绝帮助我们。我们的责任，只不过是互相帮助，而且，我们的权利，也只不过是希望我们需要的帮助即将到来。①

与"家"的"温暖"和"包容"不同，现在的"潘晓"，心中充满了无"家"可归的"凄切"之感；与"共同体"中人们的不分彼此、相互依靠不同，现在的"潘晓"感受到的，不再是"我们"或"他

---

① 齐格蒙特·鲍曼：《共同体》，凤凰出版传媒集团、江苏人民出版社，2007，第 2~4 页。

们"，而是那冷冰冰的、抽象的、单数的"人"（"人都是自私的"），是"我"和"他人"之间的无法沟通、相互隔膜。

乍看起来，身处此困境之中的"潘晓"，似乎正与欧克肖特笔下的所谓"反个人"颇为相似。

在欧克肖特看来，欧洲现代性兴起的标志之一，便是所谓"个人"的出现："人类个体性是一个历史出现的东西，就像风景一样既'人为'又'自然'。在近代欧洲，这个出现是逐渐的，出现的个人的特殊性格是由他那一代人的风格决定的。当从事被认为是'私人'的活动成了习惯，他就变得明白无误了；实际上，人类行为中'私人性'的出现是废弃共同安排的另一种说法，近代个体性就是由此产生的。个体性的这种经验激起了一种要探究它自己的暗示，给予它最高的价值，寻求安全享有它的倾向。享有它被认为是'幸福'的主要成分。这种经验扩大为一种伦理学理论；它反映在统治与被统治的样式中，反映在新近获得的权利和义务，以及整个生活模式中。这种要成为一个个人的倾向的出现是近代欧洲历史上最突出的事件。"① 但是，欧克肖特观察到，并非每个人都能够顺利地完成这一向"个人"的转化："相对于16世纪的农业和工业企业家的是流离失所的劳动者；相对于自由民的是被剥夺的信仰者。熟悉的公共压力的温暖对所有人都同样消散了——一种使一些人激动，使其他人沮丧的解放。熟悉的公共生活的匿名性为个人身份所取代，它对于那些不能将它变为一种个人性的人来说是难以承受的。一些人认为是幸福的东西，对其他人来说则是不舒服。人类处境的同一条件被认为是进步，又被认为是衰败。简言之，近代欧洲的环境，

---

① 迈克尔·欧克肖特：《政治中的理性主义》，上海译文出版社，2004，第92页。

早在 16 世纪，就不是孕育一种单一的特性，而是两个间接对立的特性：不仅有个人的特性，而且也有'不成功的个人'的特性。这个'不成功的个人'不是过去时代的孑遗：他是一个'近代的'人物，是产生了近代欧洲个人的同样的公共纽带瓦解的产物。"① 由这种"不成功的个人"之中，一种所谓"反个人"便生长出了，而此一"反个人"的道德，"不是'自由'和'自决'的道德，而是'平等'和'团结'的道德"②。"这种道德的核心是一个人类处境实质性条件的概念，它被表述为'共同的'或'公共的'善，人们不是将它理解为由各种个人自己可以寻求的善所组成，而是理解为一个独立的实体。个体性道德被认为是人类活动合法源泉的'自爱'，'反个人'道德被宣布是罪恶。但它不是被爱'他人'或'仁慈'或'博爱'所取代（那会陷入个体性的词汇），而是为爱'共同体'所取代。"③ 与这种"'反个人'的道德"相对应，"从一开始（16 世纪），那些代表'反个人'努力的人就感到，他的对应物，一个反映了他的愿望的'共同体'需要一个以某

---

① 迈克尔·欧克肖特：《政治中的理性主义》，上海译文出版社，2004，第93 页。

② 迈克尔·欧克肖特：《政治中的理性主义》，上海译文出版社，2004，第96 页。

③ 迈克尔·欧克肖特：《政治中的理性主义》，上海译文出版社，2004，第96 ~ 97 页。当然，在欧科特的"保守主义"理路里，这样的"'反个人'的道德"并无什么可取之处——紧接着上面一段，他用明显的贬抑语调继续说道："围绕着这个核心有一群与之相适合的从属信仰。从一开始，这种道德设计者就将私有财产与个体性等同起来，因此将取消私有财产与适于'大众人'的人类处境条件联系起来。此外，'反个人'的道德应该是极端平等主义的，也是理所当然的：'大众人'唯一的区别就是他与他的伙伴相似，他的拯救就在于将别人视为他自己的复制品，他怎么会同意任何对一种严格一致性的偏离？所有人都必须是一个'共同体'中一个平等、匿名的单位。在产生这种道德时，人们曾不厌其烦地探讨这个'单位'的性质：他被理解为'人'本身，理解为'同志'，理解为'公民'。"

种方式活动的'政府'。统治被理解为是操作权力以便加强和维持等同于'公善'的人类处境的实质性条件；被统治对于'反个人'来说，就是为他作他不能为自己作的选择。因此，'政府'被分配了建筑师和保护者的角色，不是从事他们自己活动的个人的'联合'的'公共秩序'的建筑师和保护者，而是一个'共同体'的'公善'的建筑师和保护者。这个统治者不是被认作是个人冲突的裁判，而是'共同体'得到的领袖和管理总监。从托马斯·莫尔的《乌托邦》到费边社，从康帕内拉到列宁，这种对政府的理解被不厌其烦地探讨了 4 个半世纪"①。

尽管所举的例子都事关"乌托邦"或"共产主义"（"从托马斯·莫尔的《乌托邦》到费边社，从康帕内拉到列宁"），但欧克肖特的批评却并不局限于此——事实上，正如这篇文章的题目——"代议制民主中的大众"——所提示的，资产阶级的民主共和理想，同样是他攻击的目标。在他看来，在为"反个人"提供了某种"共同体"的理想方面，现代性进程所开启的政治解决方案——无论是资本主义还是共产主义，并没有什么不同。

然而，在宏观的"类同"背后，我们依然还是需要细致辨析资本主义与共产主义，以及共产主义内部的不同思想流派所给出的政治解决方案的差异。具体到"潘晓"的例子，则我们要问：类似"潘晓"这样的迷惘者，究竟对"共同体"抱有怎样的热望？要回答这个问题，我们就必须追问，毛泽东时代的"共同体"理想，对"个人"究竟意

---

① 迈克尔·欧克肖特：《政治中的理性主义》，上海译文出版社，2004，第 98 页。欧克肖特持"保守主义"立场，他之所以对"大众人"大加贬抑，针对的乃是这样一个"迷思"："据说，人们普遍相信，近代欧洲历史上最重要的事件是'大众接近完全的社会权力'。"在他那里，所谓的"大众人"似乎与"庸众"或"乌合之众"相去不远；相反，对"个人"的捍卫，才是真正值得去做的事情。

味着什么? 或说, 毛泽东时代的 "共同体", 与 "个人" 之间究竟构成了怎样的意义关系?

要回答上述问题, 我们需要对毛泽东时代中国的政治、社会、文化等方方面面做出细致的考察, 本书当然无力为此问题提供周全的答案。在此, 笔者想引述邹谠先生对中国革命价值观的论述来为我们目前的讨论提供一些线索。

如果我们同意欧克肖特的说法, 认为无论是资本主义还是共产主义, 在为 "去魅" 之后的现代世界提供某种 "共同体" 理想方面, 它们其实并无二致, 那么邹谠首先想提醒我们注意的, 却恰恰是革命中国与西方在 "个人" 以及 "个人" 与 "社会" 之关系方面思想的不同:

> 在现代西方与中国价值观及原则的诸多差异中, 没有什么比有关个人以及个人与社会的关系这两个观念之间的差异更根本、更显著……在现代西方的自由民主传统和价值体系中, 个人被视做目的本身。保护和增强个人的尊严被认为是社会的目标。个人被置于集体之上, 集体为个人服务的, 个人的同意是政治合法性的标准。个人判断、个人意志和个人良知被视作不受侵犯的基本单元, 社会政治生活正是建构在这些单元之上……在毛泽东的社会理论中, 人被置于历史发展的中心位置。毛写道: "人民, 只有人民, 才是创造世界历史的动力。" "人民群众的创造力是无穷无尽的"。与西方伦理哲学及政治哲学相反, 人 (man) 并不被首先当作个人 (individual) 来看待。[1]

---

[1] 邹谠:《中国革命的价值观》,《中国革命再阐释》, 牛津大学出版社, 2002, 第 151~152 页。

不仅如此，"在毛泽东的著作中，'个人'这个词通常是在贬义的意义上使用。人无论是在综合层面上还是在具体层面上都被看作集体的一员，他总是受到各种社会和政治关系的制约……同西方政治理论中单子式个人的流行观念不同，共产主义运动和制度以人民群众的支持作为其政治合法性的源泉。"① 而在贬抑"个人"的同时，革命中国所提倡的，正是某种"集体主义"价值观："中国强调个人对社会与次级集体的义务和责任。但是，中国没有西方那种与义务和责任相对应、由社会承认并通过法律权利体现的'自然权利'和自由，也没有由宪法保障的自由。这种视个人以阶级、人民、群众或次级集体成员身份进入社会、个人有义务与责任而无社会承认的自然权利和自由的观念，与传统对个人的社会联系的腔调一脉相承……个人被要求抑制自私，关注公共福祉。个人价值的衡量尺度是他对人民、群众及次级集体所作的贡献；如果他达到对集体完全认同的境地，他就会有一种获得解放的感觉。他不是从个人的成就中，而是从促进公共福祉和集体目标中找到自我实现。他必须对自己进行精神改造以便在一个新社会——而且为了一个新社会——生活和工作。"② 所谓"毫不利己、专门利人"，最后指向的，正是某种"六亿神州尽舜尧"的"道德理想国"愿景："公共美德的存在，有道德的人在一个有道德的社会——这就是中国人的目标。"③

以此为背景，我们似乎有必要重温一下"潘晓"变为"个人"的过程：首先，"社会主义"的确为她提供了一套令她信服的"共同体文

---

① 邹谠：《中国革命的价值观》，《中国革命再阐释》，牛津大学出版社，2002，第152页。

② 邹谠：《中国革命的价值观》，《中国革命再阐释》，牛津大学出版社，2002，第153～154页。

③ 邹谠：《中国革命的价值观》，《中国革命再阐释》，牛津大学出版社，2002，第155页。

化"，在那里，"人人为我、我为人人"；然而，令她感到信仰破灭的，却首先正是这样的"共同体文化"对"个人"的伤害——我们不妨看看她用来描述"文化大革命"期间家人状态的词："家里人整日不苟言笑"、"外祖父小心翼翼地准备检查"、"小姨下乡时我去送行，人们一个个掩面哭泣，捶胸顿足"……与"共同体"所承诺的"温暖"、"包容"、"安全"等相反，我们在这里看到的，恰恰是"冷酷"、"排斥"和"不安"——正是这种对"个人尊严"的无视和伤害，以及其他对"个人"发展的限制和压抑，才导致了"个人主义"话语的强势反弹——在1980年第8期的《中国青年》上，刊载了赵林的文章《只有自我才是绝对的》，更是将"个人"／"自我"的问题推向了论争的风口浪尖。① 这自然有其道理：正如有研究者所指出的，所谓"个人主义"所包含的"四个单元观念——人的尊严、自主、隐私和自我发展——是平等和自由思想中的基本要素；说得更具体些，人的尊严或对人的尊重这一观念是平等思想的核心，而自主、隐私和自我发展则代表着自由或自主的三个侧面"②。——因此很清楚，"潘晓"其实并不能被看作是一个"反个人"，因为她之所以感到迷茫，恰恰出于对"反个人"之理想的失望。

以此为背景，我们再来看"潘晓"。首先，"潘晓"毕竟是由毛泽东时代的"共同体文化"所打造出来的，这就决定了，在她的精神结

---

① 若干年后，赵林回忆说："当我的信以该题目在《中国青年》1980年第8期上全文刊载后，我立即意识到自己被推上了一个无可逃遁的角色位置。当时我在给黄晓菊的一封信中就明确写道：'由你和潘祎拉开序幕的这场大讨论，很可能将由我来扮演主角。'果然，从1980年第9期的《中国青年》开始，'只有自我才是绝对的'成为众多来信讨论的主要观点之一。"（赵林：《我命运中的一个最重要的枢纽点》，彭波主编《"潘晓"讨论——一代中国青年的思想初恋》，南开大学出版社，2000，第106页）

② 史蒂芬·卢克斯：《个人主义》，江苏人民出版社，2001，第115页。

构中，一定会有"理想"的一席之地——不管这"理想"的具体内容是什么，但一定会有"理想"这一组成成分，这大概可说是"潘晓"精神结构的核心特点。也正是基于此，我们才会看到：一方面，此时的"潘晓"，正是一个失去了"家园"的孤单单的"个人"；但是另一方面，从前引的"潘晓"来信中，我们又不难看出，"潘晓"是绝不愿意退回到毫无"理想"的"个人主义"状态的——精神结构中保留了"理想"的位置，却不知道该用什么新的"理想"来对其加以填充，这正是"潘晓"所遇到的难题。再进一步说，正是因为"潘晓"乃是毛泽东时代之"共同体"文化的产物，所以她就不仅有对理想的需求，更重要的是，毛泽东时代的"共同体"文化，还形塑了其所需求之理想的类型——这也就决定了，"个人（自我）"并不能充当"潘晓"的理想，她的理想，一定需要与某种更大的东西相连。那么，在毛泽东时代的理想主义不再可行之后，她又将拿什么样的"大"的理想来填充自己的人生"意义"呢？

另一个问题是，现在，"潘晓"说，"文学"成了她活着的唯一理由，那么，在"潘晓"的成长史中，"文学"究竟扮演了怎样的角色，才使得进退两难之中的"潘晓"，将最后的希望寄托在了它的身上？

要回答这个问题，我们还得从前面描述过的毛泽东时代的"道德理想国"愿景说起。不用说，使这一"道德理想国"成为真实可感的"形象"（所谓"道成肉身"），正是社会主义文化政治①的题中应有之义。因此毫不奇怪，当"潘晓"们入学读书时，他们会接触到《钢铁是怎样炼成的》、《雷锋日记》和《为谁活着，怎样做人》之类的书籍，

---

① 结合前文关于"文化政治"的注释，我们应不难明白，所谓"社会主义文化政治"，关涉的、争夺的，也正是"社会主义"表达的对于世界的看法并使之合法化的权力。

并且还会被里面的内容所深深地吸引——用阿尔都塞的话来说，他们不正是成功地被这一"道德理想国"的"愿景"所"召唤"，并成为这一"愿景"的"主体"吗？还有一点值得注意，那就是"潘晓"们所接受的教育，其性质既可以说是"政治"的，又可以说是"文学"的；或说，在"意识形态国家机器"之内，通过政治的"文学化"（当然同时也就是文学的"政治化"）①，话语／主体的再生产得以完成。下文引用的某位研究者对"文化大革命"之前中国学校课堂教育内容的观察，就提供了这方面的佐证：

> 爱国主义那时是、现在仍然是特别重要的主题。这是一种特殊类型的爱国主义。那些被教给孩子们去景仰的代表国家的神圣象征物，它们都同时既象征了社会主义，又象征了党：红旗、人民共和国宣告成立的国庆日、北京天安门与在教科书中被描绘成党和民族的像父亲一样仁慈而神圣的毛主席。社会主义的伟大事业和中华民族在教科书中融合成了同一样东西。
>
> 孩子们和青年人在课堂内外所读到的故事，更加深了这种联系。许多故事被设定在抗日战争和对国民党的战争期间，故事中的

---

① 到"文化大革命"时期，语文与政治则进一步被"合并"。"1966 年 6 月 13 日，中共中央、国务院批转教育部党组《关于 1966～1967 学年度中学政治、语文、历史教材处理意见的请示报告》。中央批示：目前中学所用教材，没有以毛泽东思想挂帅，没有突出无产阶级政治，不能再用。并指出：不论高小或初小都要学习毛主席著作，初小各年级学习毛主席语录，高小可以学'老三篇'（按指毛泽东的三篇著作：《愚公移山》、《纪念白求恩》、《为人民服务》）以及其他适合小学生思想政治水平和语文程度的一些文章。《请示报告》提出：中学历史课暂停开设；政治和语文合开，以毛主席著作作为基本教材。"（马齐彬、陈文斌等编写《中国共产党执政四十年》，中共党史资料出版社，1989，第 273 页）

英雄人物要么是帮助了人民解放军的年轻人，要么就是战士本人，而如果是战士本人，则他们往往是为了革命/民族而英勇献身了的烈士。孩子们与他们的英雄主义产生认同，并且认为爱国主义/社会主义的伟大事业值得他们为之献身。言下之意即是说，连接了爱国主义的过去与爱国主义的当下的牺牲，造成了某种负债感。经历类似的牺牲将变得很"光荣"……

过去的胜利与牺牲被当作今天的一面镜子，他们被告知，中国依然被国内外的敌人所重重包围。人们一再重复说，民族及革命使命的存亡与优胜，取决于新一代人的奉献与诚实。特别是1962年之后，与苏联的决裂使得"修正主义"被引入中学政治语汇之中，人们开始强调新一代事实上是否是具有历史意义的革命传统的合格接班人的问题。

社会行动。小学阅读课同样长期聚焦于社会主义青年被期待的日常行为之上。这些课程几乎总是集中在社会责任问题上，就像小孩拾金不昧或帮助鳏寡孤独的故事告诉我们的那样。但那些受到帮助者总是被明确地描写成无产阶级或农民阶级或民族的象征。故事中的英雄人物被告知，通过这些好人好事，他或她是在为更广大的事业服务；而这些好人好事也被明确地描述成这个孩子献身更广大事业之精神的证明。故事中的英雄人物从不试图从其行为中获得奖励或个人好处。相反，他们感到的是内心的满足，以及拉近了与毛主席、社会主义使命、无产阶级，或革命遗产之间距离的光荣感。

小学课程里的故事同样包含有关在教室里和同龄人间怎样的行为才算合适的道德训诫。它们强调行为中的互助合作，乐意与他人分享某物，对提高他人道德或政治行为水平的关心，以及在自己的学习中应勤奋、锲而不舍和严于自律。但在这里，适当的行为依然是在某种更高理想的名义之下被给予合法性和奖励的，故事中的主人公会被描述成诸如"毛主席的好学生"之类的人物。

同时，故事及文章的要点明显是在说，年轻人不应仅仅只是在某种私人的、个人的意义上与更高理想相衔接……这里，就像在一切列宁主义政治体制中一样，只有有组织的行动才被看作是有效的行动。通过加入少先队或在更大些时加入共青团来提高自己的政治效能，就成了孩子们的责任。在初中，办给青年人看的杂志暗示说，如果你能加入精选出来的精英团组织和——25岁以后——党组织，那么你就会成为一个关键组织的一部分，它能让你扮演先锋、催化剂、领导者的角色。如此，较之一盘散沙的"群众"，你将变得格外有效能，你也就进而拉近了与毛主席和伟大理想的距离。

少先队员和共青团员将其在组织上的这种关联性看得很重。在许多故事中，儿童英雄都试图明确他们的行为是配得上他们的这种关联性的……故事中的孩子不仅是朋友，他们还是少先队的战友。在一些故事里，组织内部的同志之谊似乎已几乎被认为应该超越年轻人生活中的朋友之谊。

由于行动得是有组织的，政治效能就要求纪律和对组织原则的高度自觉服从。陶冶他或她的情操被认为是每个年轻人的责任。年轻人应该自我剖析、自己监督自己、为巩固自己的表现并使之更加高尚而斗争。例证之一，就是人们希望学生在日记或周记里进行反省，记下他们为端正自己的态度而做出的种种努力、做过的好人好事、他们特别加以注意并改正了的小错误。在小学约第四年的时候，老师告诉学生如何写这类日记，而一些受访者真诚地坚持着这一习惯，直到成年。

阶级立场。1962年，毛发布指示说："千万不要忘记阶级斗争"，试图以此来重新确立革命的"根基"地位。在其后的几年里，为了在学校里培养年轻人的"阶级感情"和"阶级仇恨"，人们付出了更大的努力。从一年级开始，儿童故事开始详细描述解放前旧社会的不公与黑暗，以及与之相较生活在今日中国的幸福。为强调此信息并使学生理解，从1963年起，孩子们和年轻人开始参加"忆苦思甜"会，在会上，老农民和老工人会讲述他们自己在过去受苦的经历。在听了这些故事之后，出身"好"的孩子们的"阶级感情"被认为应该得到强化。而且这些故事也应该促使那些出身不好的孩子们在意识形态上与他们的家人"划清界限"。

……

旧地主和资本家的邪恶被反复描述为解放前一切灾难的主要根源。但他们的罪恶还不止于此。在许多将背景设置于当下的故事和漫画中，某个凶恶的前地主依然秘密地、居心叵测地不肯在革命面前伏法，而儿童英雄总是在其试图与国民党间谍合谋或从事破坏活动时将其挫败。孩子们应该从中认识到，他们应该对已垮台阶级的念想保持警惕并时刻不忘"阶级斗争"。

……

在1960年代和1970年代，这些故事所包含的道德训诫被很透彻地灌输给了学校里的学生。我们必须对敌人提高警惕，他们能够在表面上装得很无辜：一个小女孩、老者或老妇。诸如前地主家庭之类的"阶级敌人"可以表现得无害，但我们不能因此上当而视之为兄弟，因为他们也许已经准备好了先要来破坏革命力量。当时机来临的时候，面对敌人时的"阶级仇恨"和坚定无情，同对群众的"阶级感情"与为群众做好事一样，都能够证明青年积极分子的忠诚。①

请原谅我的引用篇幅如此之长——之所以如此，是因为我觉得它非常生动具体地说明了毛泽东时代的语文课堂教育与"文学"之间的关系：无论是对"爱国英雄"的赞美，还是对做"毛主席的好学生"的提倡，我们似乎都可以将其与主流文学理论对"典型环境中的典型人物"的吁求联系起来；无论是强调对于"新中国"的热爱，还是强调对于"社会主义事业"的忠诚、奉献，"个人"都被认为应该为某种"理想共同体"而奋斗、牺牲；无论是诉诸"政治觉悟"，还是诉诸"阶级意识"，它们似乎都与人们对于"社会主义新人"的要求，存在着相当大的关联性。回到"潘晓"，我们不难发现，无论是《雷锋日记》还是《钢铁是怎样炼成的》，包括《为谁活着，怎样做人》的小册子，它们之所以出现，就在于有鼓吹"社会主义新人"——比如，保尔和雷锋——的需要，而保尔和雷锋，恰也正是各自国家"社会主义新人"的代表——对"潘晓"（当然也包括"潘晓"所代表的那一代人）影响巨大的小说《钢铁是怎样炼成的》，本身便是苏联"社会主义现实主义"文学的经典作品。

现在我们可以转向对毛泽东时代"社会主义现实主义"文学的讨论了。

受苏联文学的影响，毛泽东时代的文学，最初即视"社会主义现实主义"为正宗。周扬在阐释"社会主义现实主义"的时候，也明确

---

① Jonathan Unger, *Education under Mao: Class and Competition in Canton Schools*, 1960 – 1980, New York: Columbia University Press, 1982, pp. 85 – 88.

指出，中国文学前进的方向，就是苏联的"社会主义现实主义"：

> 那么，究竟向社会主义现实主义学习一些什么，以及如何去学习呢？
>
> 社会主义现实主义首先要求作家在现实的革命的发展中真实地去表现现实。生活中总是有前进的、新生的东西和落后的、垂死的东西之间的矛盾和斗争，作家应当深刻地去揭露生活中的矛盾，清楚地看出现实发展的主导倾向，因而坚决地去拥护新的东西，而反对旧的东西。①

而表现这"新旧之争"的最好的办法，莫过于将其"形象化"："要表现生活中的新的力量和旧的力量之间的斗争，必须着重表现代表新的力量的人物的真实面貌，这种人物在作品中应当起积极的、进攻的作用，能够改变周围的生活。只有通过这种新人物，作品才能够真正做到用社会主义精神教育群众。"② 因此，归根到底，"向苏联文学的社会主义现实主义学习，对于我们，今天最重要的，就是学习如何描写生活中新的和旧的力量的矛盾和斗争，学习如何创造体现了共产主义高尚道德和品质的新的人物的性格。"③ 简单地说，塑造"社会主义新人"，就是"社会主义现实主义"文学的核心任务。即使后来的"文革文学"采取了所谓"革命现实主义和革命浪漫主义相结合"的写作方法，对

---

① 周扬：《社会主义现实主义——中国文学前进的道路》，《周扬文集》（第二卷），人民文学出版社，1985，第 188 页。
② 周扬：《社会主义现实主义——中国文学前进的道路》，《周扬文集》（第二卷），人民文学出版社，1985，第 189 页。
③ 周扬：《社会主义现实主义——中国文学前进的道路》，《周扬文集》（第二卷），人民文学出版社，1985，第 190 页。

"社会主义新人"的塑造，也依然是其追求的终极目标。①

---

① 这里不妨提一下美国学者克拉克对苏联"社会主义现实主义"小说的研究。在她看来，苏联小说的潜在主题，乃是"社会主义新人"由"自发"向"自觉"的"成长"过程：

既然苏联小说的主干情节提供了对马列主义历史发展观的仪式化解释，人们就可能猜测其所描绘的图景即是由阶级社会到无产阶级领导，再到终极状态的无阶级社会，即共产主义社会的过程。然而，阶级斗争就其本身而言实际上并不构成苏联小说的一个恒定主题，它当然也并不提供结构小说之主干情节的力量。

真正形塑了主干情节的潜文本乃是马列主义的另一基本观念，较之对于历史的阶级斗争式的解释，这一观念在某种程度上要更为抽象……根据这一观念，历史进步之得以发生，并不在于解决了阶级冲突，而是借了所谓自发/自觉的辩证法之力。在此辩证法中，"自觉"指在由政治上觉醒了的人的控制、规范和引导之下展开的行动或政治活动。而"自发"则指缺乏彻底的政治觉悟指导的行动，它们要么是偶发的、缺乏协调的，甚至是无政府主义的（如未经工会允许的突然罢工、群众骚乱等），要么就是由宏大的客观历史力量而非主观的行动所引起。

在克拉克看来，情况之所以如此，其中的关键，就在于马克思主义的"俄国化"："在有关列宁主义历史发展模式的广泛论争背后，我们能探知俄国在现代化问题上的根本矛盾。实际上，自发/自觉的对立，乃是将出自德国的马克思主义移译入俄国文化的有效图示。"因此，"自发"与"自觉"的对立所昭示的，乃是俄国以后发现代化国家身份从事社会主义建设的内在紧张：

例如，这一对立暗示了众所周知的、在俄国广大的、未曾接受教育的农民群众（"自发"者）与接受过教育的精英（"自觉"者）之间，或者我们换一种稍有不同的说法，在落后的俄国农村（"自发"的领域）与现代的俄国城市（"自觉"的领域）之间，或者，再换一种说法，在那些激愤的、能够展开自发的民众暴动的群众与专制独裁、高度官僚化和科层化并试图控制和引导这些群众的政府之间的鸿沟。

自发/自觉的对立亦可被看作是以前斯拉夫化与西欧化之争在某些方面的呈现。所谓斯拉夫化与西欧化之争，即是说俄国的进步之途是可以在欧洲的模式和理念——即将理性、组织、秩序和技术引入这个落后且处于无政府状态的国家——之中寻得呢，还是说较之反理性的、自发的、更注重直觉的，甚至也许是反城市和反国家秩序的俄国本土文化或斯拉夫精神，欧洲文明乃是不具繁殖力的、在精神上乃是贫瘠的。

如果将上述论述中的"俄国"换成"中国"，似乎依然——至少是部分——言之成理。（Katerina Clark, *The Soviet Novel: History as Ritual*, Chicago: University of Chicago, 1981, p. 15, p. 20, p. 22）

之所以要进行对毛泽东时代"政治/文学"的上述分析，是因为只有了解了这个背景，我们才能够理解"潘晓"被这个"政治/文学"所塑造出来的理想的特质，以及这种特质与当时的"社会主义现实主义文学"的关系。在我看来，这种关系已经积淀为某种心理习惯，正在强烈地诱导着她此刻——1980年——对于文学的期待；进一步的问题则是，这种期待将如何落实？换言之，当"潘晓"说"我活着，我现在所做的一切，都是为了它——文学"时，她的所谓"文学"，究竟是指什么？

从她的自述当中我们知道，当年，她曾被"社会主义现实主义"的"政治/文学"叙事所深刻召唤，这样一种洞彻心灵且化为"身体感觉"的"信仰"，是否轻易就会失却？她还是那么地矛盾：既觉得"人都是自私的"，却又不甘心就这样浑浑噩噩地活下去；对于"人生"的思考、对于"意义"的追寻，时时刻刻如毒蛇般噬咬着她的心——唯其如此，她想要将这一切解释清楚并为自己重新打造出一个"意义世界"的心情，是否也就更加急迫？如果说根据毛泽东时代的"政治/文学"叙事，"个人"只有依托于某种"共同体"且为之奋斗、牺牲，人生才具有意义，那么现在，当这样的说教不再令人信服而她又对如此冷冰冰的"个人"心怀疑虑时，她将如何安置这一"个人"？或说，她将如何处理其对"共同体"的渴求（"有人说，时代在前进，可我触不到它有力的臂膀；也有人说，世上有一种宽广的、伟大的事业，可我不知道它在哪里。"）与这"个人"的关系？当年曾使得她激动、信服乃至信仰的"社会主义新人"，在她重新构造的"意义世界"里，是否依旧会露出些许端倪？如果是的话，那么，他们又将会以怎样的面目再度出现？如果她不满于"个人"就此大行其道，那么她又将如何塑造出不同于此"个人"的"新人"……凡此种种，是否也正是"潘晓"在投入"文学"时需要面对的难题？

　　而本书对所谓"'潘晓'难题"之"文学展现"的讨论，正打算以上述疑问为起点。在接下来的讨论中，我将试图一一说明，当"'潘晓'难题"表现于"文学"之中时，它将如何处理"社会主义现实主义"的文学遗产，它将如何调整"个人"与"共同体"之间的关系，以及最后，"潘晓"们对"意义"的渴求，将如何促使他们试图再次讲出一个"正面"的故事、塑造出"正面"的形象。另外，也许并非巧合的是，如果说毛泽东时代的"社会主义现实主义"的主体即是所谓"工农兵文艺"，那么，我发现，所谓"'潘晓'难题"的"文学展现"，其焦点似乎同样在"工农兵"形象的身上——《赤橙黄绿青蓝紫》以及蒋子龙一系列"改革文学"中的工人形象，《高山下的花环》及其他"军旅小说"中的军人形象，《人生》、《鲁班的子孙》以及张炜笔下的一系列农民形象，正构成了本书论述的焦点。

　　就既有的研究来说，作为社会事件的"潘晓讨论"和本书拟重点讨论的各文学作品，都已在各自的范围内得到了不同程度的关注。

　　先说作为社会事件的"潘晓讨论"。对于"潘晓讨论"的研究，一般分两类。一类重在对这次讨论各种"史实"的叙述和认定，如李春玲《"潘晓讨论"是非功过评说——访关志豪、谢昌逵、魏群》①、郭楠柠《"潘晓"讨论前前后后》②、文晔《潘晓："一代中国青年的思想初恋"》③、彭苏《28年"潘"＋"晓"》④、郭楠柠《我亲历的"潘晓

---

① 李春玲：《"潘晓讨论"是非功过评说——访关志豪、谢昌逵、魏群》，《青年研究》1993年第9期。
② 郭楠柠：《"潘晓"讨论前前后后》，《当代青年研究》1994年第2期。
③ 文晔：《潘晓："一代中国青年的思想初恋"》，《中国新闻周刊》2004年第38期。
④ 彭苏：《28年"潘"＋"晓"》，《南方人物周刊》2008年第4期。

讨论"》①，等等。

　　一类是对"潘晓讨论"的社会学分析，如黄杰、牟国义《潘晓讨论与"人的时代"的呼唤》②、徐贵权《"潘晓问题"讨论之反思》③和《"潘晓问题"大讨论的社会学思考》④。值得注意的是徐贵权的分析：他肯定了"潘晓讨论"对于"破除迷信"、"发扬民主"和"个性多元"等的积极作用，但他认为，这次讨论存有导向不明确、引导不得当、价值天平向潘晓及其支持者倾斜等"失误"处。在分析"潘晓讨论"之所以出现的原因时，他的分析也只是强调了林彪、"四人帮"的影响，而缺乏对整个中国社会主义实践内在危机的把握。

　　另外值得一提的是，在2000年"潘晓讨论"二十周年时，南开大学出版社出版了一本纪念性著作——《"潘晓"讨论：一代中国青年的思想初恋》⑤，书中有对当年参与这一事件的当事人的重访，并且择录了当年在《中国青年》上发表的讨论文字，可算是至今有关"潘晓讨论"的唯一的一本资料集。

　　再说文学。总的说来，对1980年代前半期文学的已有研究，大体呈现出以下几种模式：一是按"题材"分，将1980年代前半期的文学描述成从"伤痕文学"到"反思文学"，再到"改革文学"的发展史。"对于70年代末到80年代初的文学创作，当时文学界曾以

　　① 郭楠柠：《我亲历的"潘晓讨论"》，《炎黄春秋》2008年第12期。

　　② 黄杰、牟国义：《潘晓讨论与"人的时代"的呼唤》，《青年研究》1989年第6期。

　　③ 徐贵权：《"潘晓问题"讨论之反思》，《淮阴师范学院学报（哲学社会科学版）》2001年第4期。

　　④ 徐贵权：《"潘晓问题"大讨论的社会学思考》，《中国青年政治学院学报》2002年第5期。

　　⑤ 彭波主编《"潘晓"讨论——一代中国青年的思想初恋》，南开大学出版社，2000。

'伤痕文学'、'反思文学'和'改革文学'等概念来指称。这些概念被广泛接受和使用。它们的出现,既表现了当代批评家热衷于文学潮流的类型概括的'传统',也反映了当时创作的实际状况。因而在用来描述这一时期的创作上相当有效。"① 至今,这一叙述模式依然为大部分文学史所采用。

二是按"作家"分,将当时创作活动最为活跃的作家进行分类叙述。这些作家一般被分为两类:"80年代(尤其是前期)最有影响的作家,主要由两部分组成。一是在50年代因政治或艺术原因受挫的作家……他们被称为'复出作家'或'归来作家'……80年代文学的另一重要力量,是'知青作家'这一群。"② 因此有所谓"复出作家"研究和"知青作家"研究。

三是按"主题"分,以某一"主题"统摄对1980年代前半期小说的论述。这其中最有名的,当推季红真的名篇《文明与愚昧的冲突》③。在这篇文章里,季红真将"文明与愚昧的冲突"视为新时期文学的总主题,分诸多层次详细阐释了此一主题在新时期文学中的种种表现。从此,"文明与愚昧的冲突"成为解释新时期文学的一个重要论点。除此之外,还有一些论者则特别强调"人道主义的复归"乃是新时期文学的最大特征,从1988年宋耀良出版《十年文学主潮》④ 以来,其后的批评家如李劼⑤、李洁非⑥等,都认定"人道主义"与新时期文学发展有密切关系。

---

① 洪子诚:《中国当代文学史》,北京大学出版社,1999,第256页。
② 洪子诚:《中国当代文学史》,北京大学出版社,1999,第232~233页。
③ 季红真:《文明与愚昧的冲突》,《中国社会科学》1985年第3~4期。
④ 宋耀良:《十年文学主潮》,上海文艺出版社,1988。
⑤ 李劼:《中国现代文学史(1917~1984)论略》,《黄河》1988年第4期。
⑥ 李洁非:《新时期小说的两个阶段及其比较》,《文学评论》1989年第3期。

1990 年代以来，在研究 1980 年代前半期文学的著作中，有两本颇值得一提：一本是许子东的《为了忘却的集体记忆》①，该书以"结构主义"方法，抽样分析了 50 篇"文革小说"，归纳总结了它们共同的叙事法则，颇有新意；另一本是何怀宏所著《中国书写》②，该书借用葛兰西的"文化领导权"理论，详细考察了 1980 年代前半期文学生产机制的运作情况，并对当时流行的"人道主义"话语、"反封建"话语等进行了较为细致的分析。两书虽皆颇有新意，但其对毛泽东时代及改革开放时代的诸多判断，大体亦不脱 1980 年代以来所形成的"社会共识"。

最后，在今天如果要谈论所谓"八十年代文学"，当然不能不提程光炜及其弟子的努力。自 2000 年以来，程光炜便在中国人民大学为其博士研究生开设"重返八十年代"的课堂讨论课，目前，这一课程的一些成果已经面世。③ 程光炜及其弟子对于 1980 年代文学的研究，其特点大概有两点：一是讨论的重点，一方面在各种"机制"——编辑、出版、批判文章、读者反应，另一方面在这些"机制"背后的各种"话语"力量之间的博弈、抗衡，无论是对文学"事件"——《乔厂长上任记》的风波或"重写文学史"，还是对争议作品——《一个冬天的童话》、《人啊，人！》或《新星》，其讨论大都遵循上述路径。二是其讨论主线，似乎重在揭示"新时期"文学"现代派"战胜"现实主义"的过程。

本书拟进行的研究所涉范围大致与 1980 年代即为研究者所注意的

---

① 许子东：《为了忘却的集体记忆》，三联书店，2000。
② 何言宏：《中国书写》，中央编译出版社，2002。
③ 2009 年 9 月，北京大学出版社推出一套三本的"八十年代研究丛书"，分别为：程光炜：《文学讲稿："八十年代"作为方法》，北京大学出版社，2009；程光炜主编《重返八十年代》，北京大学出版社，2009；程光炜主编《文学史的多重面孔》，北京大学出版社，2009。

"青年题材"文学相同。早在 1983 年,评论界就已开始注意"青年题材"的重要性,《文学评论》编辑部即举行过专门的座谈会,认为"在回顾六年多来、特别是三中全会以来的文学创作的发展时,有一个很突出的现象值得我们研究,这就是青年题材创作的发展。一大批描写青年生活的作品(特别是中、短篇小说),正在越来越广泛地引起人们的注目,不独青年人爱读,中年人和老年人也爱读。这些作品多方面反映了我们丰富的社会生活内容和青年人的思想、情绪和追求,对我们认识生活和认识青年是很有意义的,对帮助青年人树立正确的人生观和价值观也是有借鉴意义的"[1]。1985 年,中国社会科学院文学研究所当代文学教研室在编写《新时期文学六年(1976. 10 ~ 1982.9)》时,也曾专辟题为"揭示由徘徊到奋起的一代青年的人生足迹"的一节,讨论了《北极光》、《赤橙黄绿青蓝紫》、《普通女工》、《南方的岸》、《人生》等作品。然而,由于其叙述事先已预设了一条"由徘徊到奋起"的线性发展路径,因此其叙述基调乃是"越来越好",而本书立论的基础,恰恰是青年面对"难题"时的"困惑"。[2]

但更为严重的问题恐怕还在于,在现在流行的文学史叙述中,1980 年代前半期的文学创作总是被匆匆带过。人们在叙述 1980 年代的文学史时,总是习惯于先按照上述三种文学史叙述模式中的一种交代一下 1980 年代前半期文学的发展情况,而后便将更大的篇幅和更多的精力花在对 1980 年代后半期所谓"寻根文学"、"先锋小说"等的叙述上。而如此厚此薄彼,据说是因为 1980 年代前半期的文学还保留着浓厚的"政治性",因而就其"文学性"而言,是远远无法与 1980 年代后半期

---

[1] "关于青年题材创作的探讨""开场白",《文学评论》1983 年第 3 期

[2] 中国社会科学院文学研究所当代文学教研室:《新时期文学六年(1976. 10 ~ 1982.9)》,中国社会科学出版社,1985。

逐渐发展完善的"纯文学"相提并论的。但是，倘若我们无法用"文学性"来解释1980年代前半期那些一发表就引起各方关注的作品（包括本书所要讨论的作品在内），它们是不是就不具有意义了呢？更进一步说，当时这些作品之所以能引起各方关注，恰恰是因为它们牵动了社会各方的神经，那么，在"文学性"的思路之外，我们又该如何阐释它们的意义呢？

本书试图挑战的，也正是这一"纯文学"的叙述思路，因为"纯文学"这个概念本身，正是1980年代中国社会"去政治化"进程的产物。而本书则试图从"文化政治"的角度，来重新理解毛泽东时代和"改革开放"时代的文学/文化现象。依照这一思路，则两个时代都试图创造出某种"文化政治"，因此，两者之间的差别，也不在"纯文学"/"非纯文学"方面，因为"文化"的"政治"性，恰恰是这两个时代共同的特点（当然也是当今时代的特点）。而要追寻所谓"文学政治"的"踪迹"，我们就必须首先回到对于当时具体文学文本的"细读"，因为正如本书正文想要说明的那样，"文化政治"的问题，首先还是一个如何"表征"的问题——而重在考察这一转折时期"表征"方式的转变，也正是本书区别于程光炜及其弟子之研究的地方。

本书第一章首先详细比较了《青春之歌》与《北极光》，发现当"新时期"的"林道静"出现时，她竟然找不到可以引导她的"卢嘉川"。接下来，本书将另外两部在当时引起争议的小说引入讨论，并分析指出，《北极光》中的"引导者"困境其实颇具典型性，而1980年代"历史观"的巨大变化，正与这一困境的产生有着重大的联系。本书认为，这一找不到"引导者"的困境，其实颇具"隐喻"性质——自此之后，怀抱"'潘晓'难题"的人们，将在无人指导的情况下，尝试找出将自身纳入"共同体"之中的方式。

　　第二章处理的是所谓"工业题材"。本书认为，在新的时期，"工人题材"中的"正面人物"形象发生了重大转变——从毛泽东时代"又红又专"的工人，到现在既具"管理知识"又能认可"管理者"的优秀工人（其实就是工头）这二者的结合——《赤橙黄绿青蓝紫》中解净与刘思佳的组合，就正是实现这一"结合"的尝试。因此，一方面，是旧有"革命政治"动员方式遭到唾弃；另一方面，是新的诉诸"现代化"的动员方式的崛起。但是，新的诉诸"现代化"的方式，却又有使得工人乃至整个社会重新陷入"异化"状态的危险，面对如此困境，此时期"工业题材"创作的领军人物蒋子龙也率先选择了放弃此种尝试。

　　第三章处理的是所谓"军旅小说"。一方面，面对新时期巨大的"政治冷感"，传统的政治动员方式正遭遇巨大的危机——《高山下的花环》中需要自我救赎的，恰恰是一位"指导员"，这正是对此种危机的表征；另一方面，为了赋予"个人"献身"国家"这件事情以合理性，人们最终找到了"乡土中国"的叙事和修辞资源，以"农村妇女"的"传统美德"，来针砭那些自私自利者。值得注意的是，当人们还是依照传统的笔法来创造"英雄"时，他们似乎终难免落到进退失据的"无根"状态。

　　第四章以《人生》为中心，讨论了被"军旅文学"引以为据的"乡土中国"意义的变迁。在董加耕的时代，农村被赋予实现社会主义革命理想的重要意义，而在"新时期"，路遥笔下的高加林身上所代表的"现代化"蓝图，似乎正构成了对于古老"乡土中国"的正面否定。

　　第五章围绕"王润滋论题"与张炜的创作，探讨了"现代化"叙事本身面临的问题。"王润滋论题"所展示的，是"乡土中国"的"美

德"与"现代化"之间的对抗关系；张炜的写作试图破解此难题，即一方面告别"传统道德"，另一方面试图将代表"现代化"的力量表述为为乡村谋利益而非与乡村对立，但是，这样的尝试并不成功。与之相应，他笔下的主人公也表现出"哈姆雷特"式的"孤独"。

在结论部分，本书认为张炜小说"孤独者"的出现，其实正表明"潘晓"们重新讲述"正面"故事、塑造"正面人物"的失败——因为刘思佳、赵蒙生、高加林和李芒们，最终都没能将自己成功地纳入某一"共同体"（对刘思佳们而言是"工人阶级"、对赵蒙生们而言是"国家"、对高加林们而言是"乡土中国"、对李芒们而言是"弱势群体"）；而他们的尝试之所以失败，恰恰正是因为他们在"革命政治"之外另觅资源以支撑"正面人物"的尝试，似乎并未获得成功。另一方面，以1985年为界，在文学创作中，一大批"孤独"的"个人"开始涌现，"个人"与"共同体"之间矛盾的展现方式，也以"个人"对"共同体"彻底反叛为特点——那种竭力想将"个人"稳妥地安置于"共同体"之中的努力，也就此告一段落了。

| 第一章 |

"引导者"的困境与危机

本书以张抗抗的小说《北极光》① 开始我们关于"潘晓难题"之"文学展现"的讨论，这不仅是因为这部小说是对"'潘晓'讨论"有意识的回应，更是因为其在回应之中所暴露出的问题——在笔者看来，这些问题应该说是颇具"症候性"的，而对于这些问题的考察，也将能够为我们接下去几章的讨论，提供一个大的背景。

第一节 "引导者"的困境

根据张抗抗的自述，她的小说《北极光》与"人生观"的大讨论之间，存在着密切的关系："我去年在文学讲习所学习时，由于席卷全国的人生观的讨论，以及我周围的青年们对这场讨论的态度，使我萌发了要写一部探索当代青年如何生活更有意义的小说。'北极光'曾在我脑中掠过，起初只以为是找到了一种寄托，可以借题发挥，把它作为希望的象征；到动笔时我发现自己被笼罩在一种美的气氛中，我被这种气氛所感染，以致努

_____

① 张抗抗：《北极光》，《收获》1981 年第 3 期。

力渲染了北极光的奇异的美感，也进一步探讨了它内涵的哲理。"①

"人生观"的大讨论可说是构成了这部小说想要表达的"内容"，但是让人感到惊讶的，却是这部小说的"形式"——根据时人的概括，在《北极光》这部小说中，"陆芩芩是个成长中的女性，热情、单纯，向往心目中的'北极光'（理想），不满足于那种庸庸碌碌的小市民生活，因而积极向上、努力探求；傅云祥俗不可耐，浑身散发着市侩气，没有远大的理想，拼命追求眼前的物质利益；费渊是个虚无主义者，对生活丧失信心，抨击社会弊端言辞激烈，却不肯做一点力所能及的有益于人民的事情，骨子里掩藏着的仍然是极端的利己主义；曾储却代表着思考和探索的一代，他虽然生活道路坎坷，境遇不佳，但却充满着革命乐观主义精神，时刻关心着祖国的命运和四化的建设，而且脚踏实地、身体力行，不拒绝平凡的工作"②。

简单地说，《北极光》所讲述的，正是"一个女人与三个男人"之间的故事，而这一故事"形式"，不得不使我们马上想到另一部同样讲述了"一个女人与三个男人"之间的故事的经典著作——《青春之歌》③。

---

① 张抗抗：《我写〈北极光〉》，《文汇月刊》1982 年第 4 期。
② 曾文渊：《寻找人生的真善美——读张抗抗的小说》，《西湖》1982 年第 5 期。
③ 杨沫：《青春之歌》，作家出版社，1958 年 7 月初版；人民文学出版社，1961 年 3 月再版。本文选用的是 1961 年的再版本，下面的引文皆出自该版本，不再一一注明。自发表以来，《青春之歌》的影响力一直巨大，"《青春之歌》在其出版当时，是发行量第四大的小说（居于《红岩》、《暴风骤雨》和姚雪垠的《李自成》之后），但就其所具有的持续影响力而言，它似乎可以排第一。在'文化大革命'期间，即使其作者已遭到严厉的批判，《青春之歌》依然不乏读者。像'手抄本'一样，它也被非法传阅。1980 年，对广州大学生的一项调查发现，在'1949～1966 年间最受欢迎的中文作品'里，它仍然高居第一；1982 年对北京大学生的一项调查发现，在古今中外所有最受欢迎的作品中，它位居第九；1983 年的一次全国调查显示，在 55 部世界名著中，它位列第三"。（Perry Link, *The Uses of Literature: Life in the Socialist Chinese Literary System*, Princeton: Princeton University Press, 2000, pp. 250 – 251）

在《青春之歌》中，林道静先后遇到余永泽、卢嘉川和江华，通过与三人的交往，林道静完成了从"小资产阶级知识分子""成长"为"共产党员"的过程。

在《青春之歌》中，少女林道静为大学生余永泽所救，两人逐渐堕入情网，最终结婚。可是，婚后不久，爱情的浪漫为家庭生活的琐碎所取代，林道静日渐感到沉闷、窒息。就在这个时候，林道静认识了共产党员卢嘉川。当林道静走出自己"狭窄的小天地"，来到"人群"之中，倾听卢嘉川和其他青年们的谈话时，她似乎又重新开始恢复活力了：

> 屋里十来个青年沸腾似的议论起来了。只有林道静仍然坐在角落里不声也不响。她细心地听着他们的谈话。这些话，不知怎的，好像甘雨落在干枯的禾苗上，她空虚的、窒息的心田立刻把它们吸收了。她心里开始激荡起一种从未有过的热情。她渴望和这些人融合在一起，她想参加到人群里面谈一谈。
>
> 黎明前，道静回到自己冷清的小屋里。疲倦、想睡，但是倒在床上却怎么也睡不着。除夕的鞭炮搅扰着她，这一夜的生活，像突然的暴风雨袭击着她。她一个个想着这些又生疏又亲切的面影，卢嘉川、罗大方、许宁、崔秀玉、白莉苹……都是多么可爱的人呵，他们都有一颗热烈的心，这心是在寻找祖国的出路，是在引人去过真正的生活……

而发生在林道静身上的这种变化，也很快被余永泽觉察到了：

> 余永泽在开学前，从家里回到北平来。他进门的第一眼，看见

屋子里的床铺、书架、花盆、古董、锅灶全是老样儿一点没变，可是他的道静忽然变了！过去沉默寡言、常常忧郁不安的她，现在竟然坐在门边哼哼唧唧地唱着，好像一个活泼的小女孩。尤其使他吃惊的是她那双眼睛——过去它虽然美丽，但却呆滞无神，愁闷得像块乌云；现在呢，闪烁着欢乐的光彩，明亮得像秋天的湖水，里面还仿佛荡漾着迷人的幸福的光辉。

可以说，林道静"成长"路上的关键一步，就是从"庸俗乏味"的"小家庭"中冲了出来，投入到为民族、为阶级的火热斗争之中。

与此相似，在《北极光》中，女主角陆芩芩试图极力逃避的，也正是傅云祥所代表的庸俗的小家庭生活，因此在芩芩眼中，傅云祥所在的"家庭"也就变成了一种具有负面意义的空间：

白茫茫的雪花中，她影影绰绰望见了前面傅云祥家的那幢刷着淡黄色与白色相间的二层楼房。狭长的楼窗，尖尖的三角形屋顶、突起的小阁楼、雕花的阳台……在朦胧的雪色中又恍然给她一种童话的意境，使她想起许多美好的故事。然而每次只要她踏上台阶，听里面传来一阵乱七八糟的喧闹声、麻将牌哗啦哗啦的碰击声，她一走进房子里面，那个童话就倏地不见了。

的确，从这个房间的摆设来看，"日常生活"的气息实在相当浓厚：

芩芩坐在那儿，一时不便走开，只好打量着这个不久后将要属于自己的房间。确实什么都齐了，连芩芩一再提议而屡次遭到傅云祥反对的书橱，如今也已矗立在屋角，里面居然还一格格放满了书。芩芩好奇地探头去看，一大排厚厚的《马列选集》，旁边是一本《中西菜谱》，再下面就是什么《东方列车谋杀案》、《希腊棺材之谜》、《实用医学手册》和《时装裁剪》……

《马列选集》虽在，却更像是历史的陈迹；吃饭（《中西菜谱》）穿衣（《时装裁剪》）、惊险（《东方列车谋杀案》）刺激（《希腊棺材之谜》），也正是"日常生活"的题中应有之意。

然而，这样的生活、傅云祥及其伙伴信奉的"现实主义"，却令芩芩感到了强烈的不满，她越来越怀念那神奇的"北极光"："这生命之光，只有她自己能看得见，只有她知道它在哪里。她是要去寻找它的，一直到把它找到为止。她可以没有傅云祥，没有仪表装配工的白工作服，没有舒适的新房，但不能没有它。不能没有它！失去它便失去了真正的生活和希望，还留着这青春焕发的躯体干什么……呵，人生，尽管现状是如此的令人不满，但总不能象傅云祥和他的朋友们，在一片浑黄的大海上，没有追求、没有目标地随意漂泊……"正是这样的不满，使得芩芩对迫近的婚姻越来越恐慌，并最终在她本应成为新娘的那天出逃。

在遇到了冷酷的费渊，求助无果之后，芩芩终于找到了她认为可以托付终身的人——曾储。此人兴趣广泛、忧国忧民，用费渊的话说："什么企业经营管理方式，什么经济体制改革，这同你的切身利益有多大关系？啃着冷窝头，背着铺盖，搞什么社会调查；饿着肚子，冒着风险办什么业余经济研究小组，有多少人关心你？"与只关心实利的傅云祥和对未来悲观绝望的费渊相比，曾储身上闪动着的，正是芩芩不能忘怀的"理想主义"光辉。

与《青春之歌》一样，让芩芩感到向往的，也恰恰正是曾储那拥挤着"人群"的小屋：

> 他们笑得无拘无束，无忧无虑，真诚、坦率，小小的一间屋子，充满了朝气和热情。好象一只火炉，看得见那热烈而欢快的火焰在燃烧跳跃。生活在这里，好象又完全变成了另一种样子，芩芩突然觉得自己是那么羡慕他们。她很想走进去，走到他们中间去，加入他们的谈话，那难道不是她一直所向往的吗？

似乎是，我们在这里碰到了又一个林道静；在这里，拥挤着"人群"的贫瘠的小屋，再次构成了对"庸俗""小家庭"的"义正词严"的替代。

然而，尽管在主题方面存在着惊人的相似，《青春之歌》与《北极光》两者之间的差别，却是更为重大。

《青春之歌》一开头，就是一段对于林道静意味深长的"人物描写"：

> 清晨，一列从北平向东开行的平沈通车，正驰行在广阔、碧绿的原野上。茂密的庄稼，明亮的小河，黄色的泥屋，矗立的电杆……全闪电似的在凭倚车窗的乘客眼前闪了过去。乘客们吸足了新鲜空气，看车外看得腻烦了，一个个都慢慢回过头来，有的打着呵欠，有的搜寻着车上的新奇事物。不久人们的视线都集中到一个小小的行李卷上，那上面插着用漂亮的白绸子包起来的南胡、箫、笛，旁边还放着整洁的琵琶、月琴、竹笙……这是贩卖乐器的吗，旅客们注意起这行李的主人来。不是商人，却是一个十七八岁的女

学生，寂寞地守着这些幽雅的玩意儿。这女学生穿着白洋布短旗袍、白线袜、白运动鞋，手里捏着一条素白的手绢——浑身上下全是白色。她没有同伴，只一个人坐在车厢一角的硬木位子上，动也不动地凝望着车厢外边。她的脸略显苍白，两只大眼睛又黑又亮。这个朴素、孤单的美丽少女，立刻引起了车上旅客们的注意，尤其男子们开始了交头接耳的议论。可是女学生却像什么人也没看见，什么也不觉得，她长久地沉入一种麻木状态的冥想中。

之所以说它意味深长，是因为这段描写充满了强烈的象征意味——正如李杨的分析所精准地指出的，"《青春之歌》开篇第一段，美丽纯洁的女学生林道静就在这样一个寓言性的场景中开始了她的人生之旅。耀眼的'白色'——'白洋布短旗袍、白线袜、白运动鞋，手里捏着一条素白的手绢——浑身上下全是白色'说明我们的主人公此时处于一种纯洁的、混沌未开的、没有主体性的原始状态之中，而环绕于这位羔羊一般美丽纯洁的少女周围的各色男性眼光在凸显出女主人公的孤单无助的同时，更暗示出主人公成长道路中将遭遇的无尽的艰难与凶险，展现出一片在劫难逃的氛围。从此以后，这位女主人公几乎成为了成长道路上遭遇的每个男性的'欲望对象'，女主人公在拒绝、逃避、犹疑与追求中艰难成长，经过三次刻骨铭心的恋爱，最终找到了自己的心上人，成为真正意义上的'女人'……"[1] 的确，正如小说向我们所展示的，《青春之歌》的核心，正在于各种力量对于这一"纯洁的、混沌未开的、没有主体性"的女子的"命名"与"争夺"。在这里，主体/客

---

[1] 李杨：《50～70年代中国文学经典再解读》，山东教育出版社，2003，第90页。

体、内部/外部、自我/他者清楚明白；在这里，主体、内部、自我，都处于绝对的"空白"和"弱势"状态，它们都等待向这一主体灌注意义的强势的"他者"。

的确，随着小说情节的发展，人们发现，为了"争夺"向林道静"灌输"意义的"权利"，代表进步思想的卢嘉川与代表保守思想的余永泽，进行了怎样激烈的斗争；尤为让人感到惊心动魄的是为了争取林道静早日"冲出小家庭"，卢嘉川曾两次直接进入余永泽与林道静的家，将他们的家变成了卢嘉川慷慨从容启发教育林道静的战场——我们且先看第一回：

> 她正说到这儿，一扭头，发现余永泽不知在什么时候已经站到屋子当中。看见他的小眼睛愠怒地睨视着卢嘉川，道静的话嘎地停住了。还没容她开口，余永泽转过头来对道静皱着眉头说：
>
> "火炉早着荒了，你怎么还不做饭去？高谈阔论能当饭吃吗？"又没等道静开口，他一个箭步冲了出去，屋门在他身后砰地关上了。
>
> 道静坐在凳子上，突然像霜打了的庄稼软软地衰萎下来。有一阵子，她红涨着脸激愤得说不出一句话。这时，倒是卢嘉川老练、沉着，他对砰然关上的房门望望，又对道静痛苦的神情漠然看了一下，然后站起身走近道静的身边：
>
> "这位余兄我见过。既然他急着要吃饭，小林，你该早点给他做饭才对。我们的谈话不要影响他。你把炉子搬进来，你一边做饭，我们一边谈好不好？"
>
> ……
>
> "小林，咱们先讨论个问题——你该把饭锅搅一搅，不然要糊了……"

道静突然被窘住了。她咬着嘴唇沉思着，忘了搅锅，大米饭真的有了煳味。卢嘉川站起身把锅搅了搅端到火炉的一边烤着，她还沉在思索中一点不知道。

……

"怎么，中午了，饭熟了吗？"余永泽狸猫一样又偷偷地跳进来了。这回他把礼帽向床上一扔，一屁股坐在床上，瞪着道静不动了。

道静的脸霎地变得灰白。她愣愣地望着余永泽，张不得口——她实在不愿当着卢嘉川的面去和他吵嘴。

卢嘉川是个机灵人，他一看这两个人的情况不对，便赶快拿起帽子，先向余永泽微笑地点点头，又向道静含着同样镇定的笑容说：

"我们今天的谈话很不错……现在，你们吃饭吧，我该走了。"他又向余永泽点点头，便走向房门外……

其后，卢嘉川为躲避追捕，要求在林道静家暂避一晚，并要求林道静转告余永泽晚上不要回家。气愤不过的余永泽当然不肯遵命，他怒气冲冲地闯进了家门：

卢嘉川正在明亮的电灯光下写着，冷不防门一响，余永泽戴着一顶灰色呢帽，穿着件毛蓝布长衫，腋下挟着一叠线装书走了进来。他一见卢嘉川俨然主人般坐在他的书桌前，一阵抑制不住的恼火，使得他的脸苍白了。他瞪着小眼睛仿佛不认识似的看着卢嘉川。看着、看着，还没容他张嘴——实在，他很难张嘴。因为按他这时的怒火，他要破口大骂。可是这样做又觉得有失身份。说什么

又文明又有力量的话骂卢嘉川呢？……还没有想好，卢嘉川却抬起头对他点点头微笑道：

"老余，你回来啦？好久不见。"他从容地折起写着字的纸，站起身用黑黑的大眼睛看着余永泽。

余永泽极力克制着自己，冷冷地问道：

"你到我家有什么事？"

"小林叫我等她一会儿。"

"叫你等她？"这句话更加刺痛了余永泽。他瞪着卢嘉川，怒火一下子冒了三丈高。不过他还是没有发作，只是嘎声嘎气地转身冲着墙说：

"卢嘉川，请你不要再用你们那套马克思的大道理来迷惑林道静了。知道么，她是我的妻子。我们的幸福家庭绝不允许任何人用卑鄙的手段来破坏！"

卢嘉川站在门边，静静地看着余永泽那瘦骨峻峻的背影——他气得连呢帽也没有摘，头部的影子照在墙上，活像一个黑黑的大圆蘑菇。他的身子呢，就像那细细的蘑菇柄。

"老余，你说这些话不觉得害臊么？"卢嘉川严肃地盯着余永泽说："别忘了，你还是个高喊过爱国的大学生，也还是林道静的丈夫。不是别人来破坏你的幸福家庭，是你自己在破坏它！"卢嘉川说罢，不慌不忙地打开屋门，又不慌不忙地回头看了还在面墙而立的余永泽一眼，就大步走出门外去。

用今天的眼光看来，卢嘉川的表现的确让人感到惊讶：按说，你一个外人跑到别人家里，使别人不能按时吃饭，最后甚至反客为主"占"用了人家的房子，怎么都该觉得理亏才是。可是我们看小说的描写，在这两次遭遇中，第一次，卢嘉川表现得"老练、沉着"，一边启发着林道静的阶级觉悟，一边还不忘提醒她把"饭锅搅一搅，不然要糊了"。最后走时，卢嘉川还能"含着同样镇定的笑容""点评"说："我们今天的谈话很不错……现在，你们吃饭吧，我该走了。"真个是潇洒大气、如入无人之境。再看两人的第二次对峙，面对余永泽的质问，卢嘉川的反应是"从容"、"不慌不忙"，驳斥余永泽时亦是义正词严。作为这个"家"的主人，余永泽在这两次交锋中则全面落败，表现得猥琐而可笑。

从反面来说，我们从卢嘉川那从容不迫而又咄咄逼人的气势中，是否正能看出卢嘉川对自己的"主义"的强烈信心，和对庸俗"小家庭"生活的强烈鄙弃？

然而，我们在《北极光》中看到的却是另外一幅景象：在那里，陆芩芩更像是一个人在孤军奋斗。她渴望获得不一样的、有理想的生活，可是她最先碰到的费渊却是一个冷漠的"个人主义者"，无力也无法给她提供生活的指导——当她试图躲避马上就要到来的婚期，并将自己的故事讲给费渊听之后，费渊的表现实在令她感到失望：吞吞吐吐的言语、冷冷冰冰的腔调、畏畏缩缩的态度——这便是费渊所能做的。而陆芩芩的一腔热情与理想，却难觅能够理解和"指导"他的人！

再看成为她最终选择的曾储，则始终远远地徘徊在芩芩的生活之外——单就小说所提供的有限情节来说，它实在无法让我们在陆芩芩最终爱上曾储这件事情上心服口服。

当"逃跑新娘"陆芩芩被傅云祥追上，两人在路旁争吵时，叙述者告诉我们，"那不远的电线杆下站着一个黑乎乎的人影，好象打算走过来，却又忍住了"。后来，当傅云祥气急走掉之后，这个人终于出现了：

"要我送你回家吗？"一个声音从榆树的树心里发出来，不不，是树干后面，她吃惊地回过头，恍然如梦——面前站着他——曾储。

"……很对不起……刚才，我听见了……"他低着头，不安地交换着两只脚，喃喃说，"从冰场出来，看见了你们，好象在吵架……我怕他揍你……所以……"他善意地笑了，露出洁白而整齐的牙齿。

"……你……不会见怪吧？……我这个……好管闲事。"他又说。

芩芩脑子里闪过了刚才电线杆下的人影。

"天太冷，会冻感冒。你……总不比我们这种人……抗冻。"

"你都听见了吗？"芩芩抬起头来，冷冷地问。

"听见一点，听不太清……我想，你一定很难过……"

芩芩没有作声。

"也许，想死？"他又笑了，却笑得那么认真，丝毫没有许多年轻人脸上常见的玩世不恭的神情。

"我给你打个比方吧。"他爽快地说，轻轻敲了敲那棵榆树的树干，"比如说一棵树，它既然是一棵树，就一定要长大，虽然经风雨、电击、雷劈、虫蛀，但是它终于长大了。长大了怎么样呢？总有一天要被人砍下来，劈下来做桌子、板凳或其他，最后烧成灰烬。一棵树的一生如果这样做了，也就是体现了树的价值，尽了树的本分。人难道不是这样的吗？他生来就是有痛苦有欢乐的，重要的在于他的痛苦和欢乐是否有价值……"

呵，榆树，这半死不活的冬眠的树木，在他那儿竟然变成了人生的哲理，变成了死的注释，揭示了生命的真谛。他怎么能打这样好的比方，就好象这棵榆树就为了我才站在这里……可你是什么？你是一棵白桦，还是一棵红松？或许是山顶上一株被雷劈去一半的残木……你看起来那么平常、普通，你怎么会懂得树的本分？也许你是一棵珍贵而稀有的黄菠萝，只是没有人认得你……

"要我送你回家吗？"他又重复了一遍，眼睛却看着别处，显然是下了好大的决心。

送我回家？怕我挨揍？怕我晕倒？谢谢。我不要怜悯。我要人们的尊重、理解和友爱，而不要别人的怜悯。何况，你自己呢？你满怀热忱地向别人伸出手去，好象你有多大的能量。我向你诉说我心中积郁的痛苦，可你所经历过的那些不为人知的苦难又向谁去诉说？水暖工，你这个卑微而又自信的水暖工，你能拉得动我吗？我不相信，那些闪光的言辞和慷慨激昂的演说已经不再能打动我的心了，我需要的是行动、行动……

"要不要我……"他又问，裹紧了大衣。

"不要！"芩芩的嘴里突然崩出两个字来："不要！"她又说了一遍。

他默默转身走了。棉胶鞋踩着路边的雪地，悄然无声。是的，他穿着一双黑色的棉胶鞋，鞋帮上打着补丁……

尽管仍然能够驾轻就熟地从榆树身上引出一大套人生的哲理，无奈"闪光的言辞和慷慨激昂的演说"也已经无法再打动芩芩的心了。她需要的是"行动"，可是在送芩芩回家这个具体"行动"方面，曾储的表现实在还是让人失望：他先是反复地下决心；而一旦被"拒绝"，他也就毫无二话地"默默转身走了"——与卢嘉川的从容不迫、进退自如相比，他真是差得太远了！事实上，在芩芩与曾储的这段"交锋"中，处于"强势"地位的，分明是芩芩！

然而，就在曾储"默默转身走了"以后，小说接着写道：

> "曾储！"芩芩在心里轻轻呼唤了一声，紧紧闭上了眼睛。
>
> 冬天傍晚的夜雾正在街道两边积雪的屋顶上飘荡、弥漫、扩散。西边的天空，闪现着奇异的玫瑰红……
>
> 芩芩睁开眼睛，忽然发疯似的想去追他，但他那粗壮结实的身影已消失在拐角那一所童话般的小木屋后面了……

这实在是充满了戏剧化的转折——尽管曾储的表现如此令人不满意，但是芩芩最终还是想投入他的怀抱。聪明的读者自可读出这其间的"牵强"与"做作"；但是，尽管这两段话之间的"焊接""牵强"而且"做作"、丝毫不能显出曾储的风采，但作为小说的理想人物、芩芩的最终归宿，他却不得不继续存在，并且以其并不能服众的"吸引力"来"导引"芩芩。

实际上，时人在评价《北极光》的时候，几乎都异口同声地指出了曾储形象的苍白无力——对小说持基本肯定态度的人也不忘指出："当然我并不认为被作者当作理想人物的曾储塑造得非常生动，让他在小说中大发抽象的议论也是不足为训的。"① 曾储作为《北极光》

---

① 滕福海：《求索勿知足，更上一层楼——对〈北极光〉的几点看法》，《光明日报》1982年1月28日。

中的理想人物，作为艺术形象还没有达到"我们所希望的那样丰满和深刻。北极光，现实生活中美丽的北极光，也就没有能够在曾储这个人物身上充分、有力地显示出来。"① 一直在批评陆芩芩"婚姻道德"有问题的评论家曾镇南也敏锐地看出："在《北极光》中，曾储这个形象是非常概念化的。除了他那几段抽象议论给人以极深的印象之外……曾储的事迹，都不是通过鲜明生动的丰富细节描写出来的，而是浮光掠影地叙述出来的，并不能构成这一性格的血肉。"② 而张抗抗本人的表述则更堪玩味："我在京参加授奖大会期间，接到了上海的长途电话，他们（《收获》编辑部）希望我把曾储改得更真实可信些。同每次一样，我完全同意编辑部的意见，却是'心有余而力不足'。"③

现在我们可以回应本章开头对《北极光》所表示出的"惊讶"了：无论是《青春之歌》还是《北极光》，作家之所以要用"引导"与"被引导"的关系来表现青年人的生活意义问题，这总是因为，一方面，需要"引导"者有获得"意义"的需求；而另一方面，"引导者"有一套关于生活意义的说法，且具有使得前者信服的能力。而"一女多男"的模式，则表明关于生活意义的说法其实是多样的，而女主人公由此一男子过渡到彼一男子的过程，正表明关于人生意义最为"正确"的说法获得最终认可的过程。因此，一旦作家使用这一模式，那么他（她）也就同时认可了：第一，人生的意义不仅是可欲的，而且某位已经先行掌握了这"秘密"的人，可以给我们的求索过程提供

---

① 梅朵：《她在振翅飞翔了——读〈北极光〉》，《上海文学》1981 年第 11 期。

② 曾镇南：《恩格斯与某些小说中的爱情理想主义》，《光明日报》1982 年 4 月 22 日。

③ 张抗抗：《塔·后记》，四川文艺出版社，1985，第 359 页。

"引导"；第二，尽管关于人生意义的说法可能是多样的，但是终究只有某一种说法才是最具"真理"性的，因此是最值得我们去信奉、践行的。问题是，为什么同是讲述一个女人寻求"引导者"的故事，1950 年代的杨沫能够讲出那样一个富有"进攻性"、充满了自信的卢嘉川，而面对曾储形象的苍白无力，1980 年代的张抗抗却只能感到"心有余而力不足"呢？

第二节　既有"引导"方式的危机

在解释《青春之歌》的时候，李杨借助的，是巴赫金有关"成长小说"的说法——在巴赫金看来，"成长小说"的主人公往往具有如下特点：

> 人的成长带有另一种性质。这已不是他的私事。他与世界一同成长，他自身反映着世界本身的历史成长。他已不在一个时代的内部，而处在两个时代的交叉处，处在一个时代向另一个时代的转折点上。这一转折寓于他身上，通过他完成的。他不得不成为前所未有的新型的人。这里所谈的正是新人的成长问题。所以，未来在这里所起的组织作用是十分巨大的，而且这个未来当然不是私人传记中的未来，而是历史的未来。发生变化的恰恰是世界的基石，于是人就不能不跟着一起变化。①

的确，在《青春之歌》中，林道静的"成长"并不简单地意味着

---

① 巴赫金：《巴赫金全集》（第三卷），河北教育出版社，1998，第 232～233 页。

某个"个人"的成长；相反，这一"成长"过程，也正是某个更为宏大的历史进程的象喻。再进一步说，林道静的成长之所以能够获得"新人的成长"的重大意义，恰恰是因为她的引导者卢嘉川所代表的，是"历史"发展的"必然趋势"；而对于这一大写的"历史"的自信和确信，也提升了林道静成长的品质。

再明确一些说，这种对于大写的"历史"的自信和确信，也正是对于中国革命之社会主义和共产主义方向的自信和确信。早在 1940 年代晚期，在论及中国革命的前途和命运之时，毛泽东即已用不容辩驳的语气指出："共产主义是无产阶级的整个思想体系，同时又是一种新的社会制度。这种思想体系和社会制度，是区别于任何别的思想体系和任何别的社会制度的，是自有人类历史以来，最完全最进步最革命最合理的。封建主义的思想体系和社会制度，是进了历史博物馆的东西了。资本主义的思想体系和社会制度，已有一部分进了博物馆（在苏联）；其余部分，也已'日薄西山，气息奄奄，人命危浅，朝不虑夕'，快进博物馆了。唯独共产主义的思想体系和社会制度，正以排山倒海之势，雷霆万钧之力，磅礴于全世界，而葆其美妙之青春。中国自有科学的共产主义以来，人们的眼界是提高了，中国革命也改变了面目。"[①] 可以说，自此以后，这种"社会主义好"的历史乐观主义，便构成了人们世界观的基础。

由此，我们可以再回到《北极光》的问题——曾储形象的苍白无力，是否与其时人们的历史观有莫大干系？

在回答这个问题之前，我们不妨先来看看与它同一时期发表的其他

---

① 毛泽东：《新民主主义论》，《毛泽东选集》（第二卷），人民出版社，1968，第 646～647 页。

一些重要作品的情况。

在《北极光》发表的前一年即 1980 年，《公开的情书》[①] 发表；与《北极光》一样同在 1981 年发表的，还有《晚霞消失的时候》[②] 和《波动》[③]。有意思的是，这三部小说中的两部——《公开的情书》和《晚霞消失的时候》，都出现了明显的"寻找者"角色——《公开的情书》中的真真和《晚霞消失的时候》中的李淮平。那么，真真和李淮平可曾遇到了理想的"引导者"呢？

在《公开的情书》里，真真是一个在遭遇时代的风浪之后，丧失了方向的女孩——她如此描述自己的心理状态："真想不到，当生活的打击在我明净如水的灵魂上留下阴森的暗影之后，我再也无力把它驱逐开了。它遮住了我的一切：我的欢乐，我的意志，我的热情，我的灵感，我的未来……但我还不甘沉沦。朋友们温暖着我的心。你说过我什么也不缺少，只缺少行动。但我总在想：行动？不错。可我的目标呢？通往未来的路在什么地方呢？我活着又是为什么呢？我不知道，我不知道呵！"后来，迷茫中的真真渐渐为老久的热情所打动，并最终与老久成为爱人。但是老久（以及与老久志同道合的朋友如老嘎）又是什么样的人呢？

我们从小说中得知，这二人似乎都自视甚高、"脱离群众"，且爱发惊人议论。阮铭在分析这部小说的时候，曾特别将老久的朋友老嘎致老久的一封信中的一段话拿出来讨论："在这笼子似的、静静的山谷里，栖息着十多只异乡的鸟：有北农大的、清华的、南开的、武大的、川大的……他们生长在 20 世纪 70 年代，却又生活在刀耕火种的桃花源里，这是怎样一种'再教育'呵。"阮铭接着评论说："这段

---

① 靳凡：《公开的情书》，《十月》1980 年第 1 期。

② 礼平：《晚霞消失的时候》，《十月》1981 年第 1 期。

③ 赵振开：《波动》，《长江》1981 年第 1 期。

话很值得深思。为什么要自比异乡的鸟，而不是水中的鱼呢？当然，林彪、'四人帮'摧残教育和科学，把大学毕业生驱赶到山谷里去，让学物理的去卖酱油，让学数学、力学的到火葬场抬死人，荒废所学的专业，这是极端反动的措施。然而人民群众终究是历史的创造者。知识分子要成为民族的精华，就必须同人民群众在一起进行创造性的劳动和思考。为什么'乡村小镇中学的教书匠，在学生眼中，在整个社会眼中是可有可无的可怜虫'呢？即使一部分群众暂时有这种愚昧观点，难道不可以改变么？为什么不可以运用自己的知识，去做做启蒙工作呢？在这部作品中，我们看不到青年主人公们同人民群众的思想和感情交流，包括生活在'真正的底层'的真真，也从来没有谈起过她同劳动人民的心灵的接触。这不能不是一个重大的缺点。"①

阮铭的分析很有意思，这是因为他提出的，实际不仅仅是一个"写什么"（"为什么不可以运用自己的知识，去做做启蒙工作呢?"）的"内容"方面的问题，它更是一个"怎么写"（为什么不写"运用自己的知识，去做做启蒙工作"）的"形式"方面的问题。但是，如果《公开的情书》按照阮铭的设计，真的转而去写那些大学生"运用自己的知识，去做做启蒙工作"，那它也就成了一部正正经经的"社会主义现实主义"小说了；它的主人公老嘎和老久也就不会让人觉得是具有"庸人气质"②和"给人以不舒服的狂傲的感觉"③了。

---

① 阮铭：《让理想放出更加灿烂的光芒——评〈公开的情书〉》，收入靳凡的《公开的情书》，北京出版社，1981，第 178~179 页。

② 阮铭：《让理想放出更加灿烂的光芒——评〈公开的情书〉》，收入靳凡的《公开的情书》，北京出版社，1981，第 171 页。

③ 阮铭：《让理想放出更加灿烂的光芒——评〈公开的情书〉》，收入靳凡的《公开的情书》，北京出版社，1981，第 175 页。

　　而在后来的文学史家看来，《公开的情书》在这一方面的毛病，似乎还流毒甚广——在总结新时期文学 1976～1982 年的发展历程时，有人指出，《公开的情书》"在激情和诗意的后面，潜伏着两个比较突出的弱点，一是老久和老嘎颇有一点以精神领袖自居的味道，流露出了某种'救世主'式的狂傲和庸人的气质；二是这些有思想、有作为的青年，大都有渺视他人、脱离群众的倾向……两个弱点是互为因果的。它真实地表现了在动乱中有为青年的挣扎和奋斗，同时也反映了头绕拉斐尔式灵光圈的青年，孤傲偏执，脱离群众。对待青年们身上的这一严重的弱点，《公开的情书》没有清醒地认识，没有作出必要的批判。而且，随后出现的青年题材小说，在相当长的时间内同样存在着这个弱点"①。

　　遗憾的是，对于我们马上将要讨论的《晚霞消失的时候》来说，它似乎表现出较《公开的情书》还要极端的"偏执"。

　　《晚霞消失的时候》以季节的变换隐喻主人公李淮平对"文明与野蛮"这一重大历史课题、对"文化大革命"中谁"对"谁"错"这一具体评判的求索过程。小说写了李淮平"文化大革命"前夕、"文化大革命"之中以及"上山下乡"运动之初与少女南珊的三次相遇，最后是 12 年后两人在泰山之巅的再度重逢——而这一次最后的重逢，似乎尤具"引导"／"被引导"的意味：李淮平先是在泰山脚下遇到一位气度不凡的老者，一路被老者"导"游上山，一路行来，共产党员李淮平逐渐为老者——最终，李淮平发现，这位老者原来是泰山上的"南岳长老"——的佛家言所深深折服；其后，李淮平又神奇般地与南珊相逢，

---

　　①　中国社会科学院文学研究所当代文学教研室：《新时期文学六年（1976 年 10月～1982 年 9 月）》，中国社会科学出版社，1985，第 233～234 页。

两人重拾十多年前"文明与野蛮"的重大话题，这一次，南珊以基督教学说作答，李淮平听后，只觉得"再也不会有比南珊更好的答案"了。

这样的情节安排，自然引起了时人极大的不安，有人评论说：

> 在《晚霞》的最后一章"秋"中，作者有意地让李淮平登泰山路遇长老，在登月观峰时又巧遇南珊，并且拉出了一个外国的上尉军官作为陪衬，让这些人物之间大肆进行了一番近乎玄学的哲理辩论。不能不钦佩作者在这些方面所涉猎的知识，但作者为什么要引导读者去参与这场古奥而艰深的哲理辩论呢？难道经历了十年内乱之后，人们需要重新寻找一种理论上和精神上的支柱，以维持灵魂的稳定和平衡吗？难道马克思主义不能解释这一切，只好改变信仰而另有所求？再次出现在泰山顶上的南珊，就是这样一个新的布道者，长老和外国上尉则是这位新教友的补充。似乎经过这种关于人生哲理等等的探讨，人们便可以在灵魂上得到升华，人的本性便可以变得"淳厚正直"，十年内乱乃至更久远一些的那场"屠戮杀伐"的战争便不至于重演了。这不能不是一种十分可悲的幼稚的错误。

> 马克思主义从来不脱离具体的历史条件抽象地探讨问题。对于十年内乱的发生，应当从复杂的社会因素和历史背景中去探究；不能因为出现了十年内乱，就意味着马克思主义和毛泽东思想的破产。同样，也不能因为十年内乱败坏了社会风气和使一部分人道德沦丧，便到耶和华或释迦牟尼那里去寻求支持和救助。作者之所以造成这种失误，是与他把人性的好坏看成决定社会发展的根本因素分不开的。作者实际上把楚轩吾当做了耶和华精神的一方面的化身，而把南珊作为耶和华精神的实践者和后继人。这种历史唯心主

义的社会观和道德观，严重地损害了《晚霞》的思想性和艺术性，使这部尽管显露出动人的艺术光彩的作品，大大地降低了它的价值。①

的确，在一个三十多年来一直奉"马列主义、毛泽东思想"为思想正朔的国家，不提马列主义、鼓吹"耶和华或释迦牟尼"，这不能不让人马上就联想到"精神危机"、"思想破产"等"大是大非"问题。如果说《公开的情书》虽然思想异端，却还在让人接受的范围之内，那么《晚霞消失的时候》则直接挑战了当时最为主流的意识形态，因此也就格外刺激人的神经。②

也正是因为有了这两部小说的存在，《波动》发表之后，人们将这些引起争议的小说连缀成片，便得出了如下结论："一九七九年，中篇小说《公开的情书》发表以后，在青年读者中不胫而走，青年人欣赏小说里的那些思想与人生哲理，同他们压抑已久的苦闷心境一拍即合。评论界更多地看到了它揭露、批判'四人帮'的失道的积极方面，而

---

① 叶橹：《谈〈晚霞消失的时候〉创作上的得失》，《文艺报》1981 年第 23 期。

② 一个有趣的例子是王若水作为一位与 1980 年代的官方思想保持着批判的距离的思想家，《晚霞消失的时候》中所流露出来的某些思想倾向，也同样令他感到不安——针对南珊的历史观，王若水写道："历史对南珊是不可知的。但历史之所以显得不可知，是因为南珊仅仅是思索而没有好好学习理论；尽管她很好学，看过许多书，我却怀疑她是否认真读过马克思主义。"（若水：《南珊的哲学》，《文汇报》1983 年 9 月 27～28 日）他对"南岳长老"成为李淮平的"引导者"也同样感到不满："不错，南岳长老毕竟是和尚，不能写成'南岳同志'（没有人这样要求），但写成'南岳导师'就是合适的吗？"（若水：《再谈南珊的哲学》，《文汇报》1985 年 6 月 24 日）笔者在这里举这个例子，是想说明《晚霞消失的时候》所造成的思想冲击之大；当然，王若水笃信"马克思主义人道主义"，对于偏离"马克思主义"思想轨道的言论，他当然是不能容忍的。

对它的消极的、错误的倾向缺乏认真研究，也没有对它进行实事求是的评论。因为当时革命现实主义文学潮流正蓬勃兴起，在咆哮的浪花中偶然有几个小小的不很协调的泡沫，是不足为虑的。不久，我们又读到了《聚会》和《杨泊的"污染"》等短篇小说。文学批评界曾对此发出过不同的声音。再往后当我们回顾一九八〇年的文坛时，已经明显地感觉出革命现实主义遇到了某种挑战：文学创作出现了分化，非现实主义和反现实主义的思潮已经有端倪可寻了。一九八一年一开始，我们又读到了中篇小说《晚霞消失的时候》和《波动》。这两部作品的发表，特别是《波动》，使我长期以来处在朦胧状态的一种看法更加明确了：一种以存在主义为指导思想的文学流派，已经在社会上（主要是青年中）的存在主义思潮的影响下出现了。这些文学作品的一个共同特点是以现实是荒谬的、人是自由的这些哲学思想为指导思想。对客观世界采取虚无主义态度，对内心世界主张人性的自我完善，企图用普遍的人性和人道主义来代替马克思主义的世界观。"① 是不是"存在主义"可以讨论，但"马克思主义的世界观"面临危机，却是人人都看得到的。

当然，这里的问题，绝非仅仅只是一个"文学"的问题——前面说过，"文学"的问题，在这里，大概还必须被追究成"历史观"的问题。而此一时期，围绕中国社会的性质问题，已经有大量的论述出现，而这些论述，与人们"历史观"的转变，又有着深刻的联系。

首先是关于"封建主义"的讨论。据介绍，"一九七八年批判'四人帮'的高潮中，我国历史学界提出了批判封建主义这个重大课题。此后人们逐渐认识到，我国现实生活中存在的封建主义残余，是我们实现社会主义现代化的严重障碍，因此必须在各个领域中消除封建主义的

---

① 易言：《评〈波动〉及其他》，《文艺报》1982年第4期。

影响。"① 而就"封建主义为何能在中国长期延续"这一话题，金观涛和刘青峰的意见可谓最具代表性和影响力。② 当时，他们二位提出了著名的"超稳定结构"说，认为中国的封建社会之所以能够持续如此长久的时间，是因为它内部的三个子系统——政治、经济、意识形态——中"存在互相适应的组织力量，并通过它们之间的相互调节而保持自身的固有形态，从而形成整个社会结构的稳定"③。他们还特别强调指出，当三个子系统的内部矛盾发展到极致、"超稳定结构"趋于崩溃时，农民战争实际上只起到了巩固这一"超稳定结构"的作用。④ 从

---

① 丁伟志：《中国封建社会结构》，《中国历史学年鉴（1981）》，人民出版社，1981，第182页。

② 1988年，播出之后即轰动全国的电视政论片《河殇》，即大量吸收了金观涛、刘青峰夫妇关于中国封建社会的论述。

③ 金观涛、刘青峰论述中国封建社会"超稳定结构"的文章，最早发表在《贵阳师院学报》1980年的第1期和第2期上，题为《中国历史上封建社会的结构：一个超稳定系统》。这里选用的，是该长文的缩写版，题为《历史的沉思——中国封建社会结构及其长期延续原因的探讨》，原载《历史的沉思》（青年文稿），三联书店；后收入金观涛、刘青峰等著《问题与方法集》，上海人民出版社，1986，第13页。1997年，金观涛与陈方正合作，在香港用英文写成《从〈青年文稿〉到〈河殇〉》（From Youthful Manuscript to River Elegy: The Chinese Popular Cultural Movement and Political Transformation 1979－1989）一书，详细介绍了1979～1989年中国所谓"民间"文化运动的情况。值得注意的是，金观涛选用了《青年文稿》作为其叙述起点，足可见他对这本书的重视程度。

④ 对"封建社会"的讨论，必然要涉及对"农民战争"的评价问题，这里面有比较复杂的历史原因，试做如下辨析。众所周知，1930年代晚期，在明确中国革命的性质和前途等重大理论问题的时候，毛泽东指出："中国的贫农，连同雇农在内，约占农村人口百分之七十。贫农是没有土地或土地不足的广大的农民群众，是农村中的半无产阶级，是中国革命的最广大的动力，是无产阶级的天然的和最可靠的同盟者，是中国革命队伍的主力军。贫农和中农都只有在无产阶级的领导之下，才能得到解放；而无产阶级也只有和贫农、中农结成坚固的联盟，才能领导革命到达胜利，否则是不可能的。"（毛泽东：《中国革命和中国共产党》，《毛泽东选集》（第二卷），人民出版社，（转下页注）

"超稳定结构"的视角出发，中国历史便没有"发展"，有的只是不断的"循环往复"。

（接上页注④）1968，第606页）由于中国革命最终选择了"农村包围城市"的革命道路，因此唯有从理论上说明"农民战争"的积极意义，方能为中国共产党领导的"农民革命"提供合法性；新中国成立以后，有关"农民战争"的问题更是直接与"历史发展的动力"这一宏大主题联系在一起，以至于到1970年代晚期，在此一论域，已有诸多"定论"形成："长期以来，关于农民战争的作用问题，存在三个现成的结论：一、农民的阶级斗争、农民战争是封建社会发展的唯一动力；二、农民战争全部失败；三、每次较大规模的农民战争都能推动社会前进。"（董楚平：《农民战争在中国封建社会发展过程中的作用》，《浙江学刊》1980年第1期）而在金观涛、刘青峰看来，"农民战争"的"历史进步意义"似乎实在是微乎其微：中国封建社会的农民战争，"它的规模之大、影响之深刻并能获得胜利，其原因也就在于它是超稳定系统的重要调节手段之一。农民战争的积极意义在于打击了腐朽的无法消灭的无组织力量，砸烂了严重的束缚社会继续进步的旧国家机器，使封建王朝回到太平盛世。然而它只是一种破而不是立。它对于避免封建超级大国因其内部尖锐的阶级矛盾而造成整个社会的退化，在矛盾中被消灭，是有积极意义的。只有经过农民战争，中国封建社会中经济、政治、意识形态三个子系统中互不适应的因素被大大消除了，中国封建社会才能重新统一，继续发展。从这个意义上来说，对于打击封建旧王朝，农民战争是一场革命。但是对于整个封建制度来讲，农民战争是调节三个子系统严重失调的稳定机制，使得封建制度得以在一个王朝中重新有复苏的可能。农民战争规模越大，无组织力量扫荡的越彻底，新建王朝的寿命就越长。因此，可以这样讲，一方面农民战争摧垮了腐朽的封建王朝，另一方面却又巩固了封建制度"。（金观涛、刘青峰：《历史的沉思——中国封建社会结构及其长期延续原因的探讨》，原载《历史的沉思》（青年文稿），三联书店，1981；后收入金观涛、刘青峰等著《问题与方法集》，上海人民出版社，1986，第26~27页）需要说明的是，他们的意见绝非孤立；当时，在此一问题上与金观涛、刘青峰持相同看法的人，并不在少数。既然"农民战争"只是起到了巩固封建制度的作用，那么由中国共产党领导的"新式""农民战争"所"建立"或"巩固"的制度的性质如何，是否也同样可以存疑？正是在这里，有关"农民战争"作用与性质之讨论的"危险性"开始暴露出来。

此外，1980年代初期开始成为研究热点的所谓"人道主义"与"异化"问题，也与封建主义的讨论有关。在《异化现象近观》一文中，高尔泰指出，"异化"现象之所以会在"社会主义中国"发生，与中国社会的"封建主义残余"有极大关系："众所周知，中国历史的封建时代特别长……两千年来'东方式'的残酷统治，留下了一个分散落后的经济基础，和一种（转下页注）

如果说关于"封建主义"的讨论尚属"历史"问题的话，那么有关中国社会当时究竟处于什么发展阶段的讨论，就是一个不折不扣的"现实"问题了。1979 年，苏绍智与冯兰瑞合作，对此问题进行了探讨。他们围绕马克思和恩格斯曾使用过的"由资本主义向共产主义的过渡"这一说法展开论述，在引用了马克思、恩格斯、列宁等导师的说法之后，得出结论："说我们是社会主义国家是完全可以的。但是，还不能说我们已经建立了马克思、列宁所设想的共产主义社会的第一阶段（社会主义社会）。我们还存在着资本主义甚至封建主义的残余，小生产还占一定地位，小生产者的习惯势力和心理还泛滥着。这说明我们还处在不发达的社会主义社会，还处在社会主义的过渡时期，不能认为我们的经济制度已经是发达的或

（接上页注④）难以治愈的精神创伤。解放以后，我们党领导人民群众进行了大规模的社会主义建设和改造，在不断发展生产的基础上不断提高觉悟，使群众的精神面貌也发生了很大的变化。如果这个进程达到一定程度，林彪、江青一伙要想复活封建专制主义就无能为力了。但是他们钻了我们民主生活和社会主义法制不健全的空子，用权势的集中取代了民主的集中，干扰了这一进程，并利用这一进程的不彻底性留下的社会问题和精神创伤，使封建专制得以在某种程度上复活。"（高尔泰：《异化现象近观》，《认识马克思主义的出发点》，人民出版社，1981，第 91 页）然而，对"异化"的讨论，在最高领导人看来，同样涉及对中国社会性质的质疑——1983 年，周扬在纪念马克思逝世一百周年学术报告会上作了题为《关于马克思主义的几个理论问题的探讨》的发言，进一步深入阐发了"人道主义"和"异化"等敏感问题，后在中央高层引起争论。官司打到邓小平那里，邓小平说："也怪，怎么搬出这些东西来了。实际上是对马克思主义、对社会主义、对共产主义没信心。不是说终身为共产主义奋斗吗？共产主义被看成是个渺茫的东西，可望而不可即的东西了。既然社会主义自身要异化，达到什么共产主义呢？在第一阶段就自己否定自己了。否定到哪里去？社会主义异化到哪里去？异化到资本主义？异化到封建主义？总不是说社会主义异化到共产主义嘛！"他强调说："这不是马克思主义。这是对社会主义没有信心，对马克思主义没有信心。"（邓力群：《十二个春秋（一九七五——一九八七）》，香港博智出版社，2006，第 272～273 页）

者完全的社会主义。"① 如果说,从"多、快、好、省地建设社会主义"到"赶英超美",再到"跑步进入共产主义",体现出的正是人们对于"历史"的"乐观向上"的态度,那么,这一对"不发达的社会主义社会"和"过渡阶段"的坦承,则分明体现出对于既有"历史"的某种"拒绝"态度——"历史"似乎又倒回来了。②

也是在 1981 年,国家的政治生活之中,还有另一件大事发生:1981 年 6 月 27~29 日,中共十一届六中全会一致通过了《中国共产党中央委员会关于建国以来党的若干历史问题的决议》。而之所以要制定、通过这样一个决议,是为了平息自 1970 年代末期以来,人们关于"历史"问题的种种争议:邓小平在最初起草《关于建国以来党的若干

---

① 苏绍智、冯兰瑞:《论无产阶级取得政权后的社会发展阶段问题》,《经济研究》1979 年第 5 期。在同一篇文章中,他们解释说,所谓"不发达的社会主义社会",具有如下特征:"不发达的社会主义的特点是存在着公有制的两种形式,还有商品生产和商品交换,资产阶级作为一个阶级已经基本消灭,但是还有资本主义的残余和资产阶级,甚至封建主义的残余,还有相当比重的小生产者,工人之间还存在着……阶级差别,小生产者的习惯势力和心理依然泛滥,生产力还没有大发展,产品也未能较大丰富。这时,大规模的急风暴雨式的群众阶级斗争已经结束,但是还有阶级斗争,还需要无产阶级专政,因而,向社会主义的过渡时期还没有结束。"

② 苏绍智、冯兰瑞的文章发表之后,立即引起了轩然大波——根据冯兰瑞的回忆,他们的文章"发表以后,没想到会引起一场轩然大波。胡乔木、邓力群要批判我们,却不允许反批评。这就是 1979 年的'阶段风波',被称为'十一届三中全会以来第一个割理论界喉管的事件'。事情是这样的,1979 年 6 月份,胡乔木写了个字条给《经济研究》,指示他们,组织文章同我们商榷。7 月 5 日,邓力群在社科院,召集了一个五六人的小会。他在会上,拿出我们讨论阶段问题的文章,说这篇文章有问题。他提得非常尖锐,说:'这不是理论问题,是政治问题,是否定中国是社会主义。''过去凡是派和实践派有争论,看来苏、冯是实践派。凡是派就会说,你们连中国是社会主义都不承认。他们会拿出中央文件来同我们争论。'"(冯兰瑞:《改革开放初期理论界的拨乱反正》,《领导者》2008 年第 4 期)胡乔木、邓力群反应如此强烈,亦是因为他们都看出了该文中所蕴涵的"颠覆"力量。

历史问题的决议》时，曾明确提出三条要求。他在第三条要求中指出："通过这个决议对过去的事情做个基本的总结……争取在决议通过以后，党内、人民中间思想得到明确，认识得到一致，历史上重大问题的讨论到此基本结束……决议要力求做好，能使大家的认识一致，不再发生大的分歧。这样，即使谈到历史，大家也会觉得没有什么不同意见可说了，要说也只是谈谈对决议内容、对过去经验教训的体会。"①

然而，即使在通过了《关于建国以来党的若干历史问题的决议》的情况下，邓小平平息对历史上重大问题之议论的想法依然没能得到实现，关于当前中国的社会性质，依然没有一个能够服众的说法。②

面对思想界的"混乱"，中共中央宣传部于1981年8月3日至8日召开了思想战线问题座谈会。胡耀邦、胡乔木在会上讲了话。胡乔木在其发言中特别指出了所谓"资产阶级自由化思潮"的问题，认为"资产阶级自由化思潮，是以否定和反对党的领导为核心的。我们的作家、

---

① 邓小平：《对起草〈关于建国以来党的若干历史问题的决议〉的意见》，《邓小平文选（一九七五～一九八二）》，人民出版社，1983，第256～257页。

② 兹举一例：据邓力群回忆，1982年2、3月间，他参加了北京地区召开的一次理论工作座谈会。"会上发了一份材料，叫《理论研究参考资料》，搜集了当时理论界关于中国当时的社会状况、社会性质，即我们究竟处于何种历史阶段的各种各样的议论。在这个材料中间，一个是搜集了我在团中央的讲话，说中国进入了社会主义社会，是中华民族的光荣。我肯定了经过社会主义改造，中国进入了社会主义社会……会上的那个材料搜集了我和段两人所讲的摘要，放在中间。前面引用郭罗基的话，说我们是老牛破车式的社会主义，还有一个南京的人说我们是农业社会主义，这些东西放在那个材料的打头部分。然后是我们两人的观点，最后是反对我们两人观点的各种各样的意见。"他还说，"看了这个材料后，就把王惠德、李洪林找来，说：你们在搞这个材料的时候，为什么不说一句：'若干历史问题的决议'对我们社会的性质有了回答、有了结论，为什么提都不提一句呢？他们说：忘了。"对此，邓力群评论说："这完全是诡辩，实际上完全是有意这样干的。"（邓力群：《十二个春秋（一九七五——一九八七）》，香港博智出版社，2006，第231～232页）

艺术家，尤其是其中的共产党员，无论在什么时候，都应该对党和人民的前途、社会主义中国的命运抱着积极的态度"①。

现在我们可以大致看清楚了，从《北极光》中陆芩芩的满腹困惑和曾储的言行"软弱"，到《公开的情书》中真真的"缺少行动"和老嘎老久的"狂傲"，再到《晚霞消失的时候》中"共产党员"李淮平对"基督教"信奉者南珊的心悦诚服，某些堪称重大的变化正在发生。《北极光》中，曾储的角色"功能"是"引导者"，但其言行却不具说服力，面对此一困局，作者只好不顾小说自身发展的逻辑，"强行"将曾储与陆芩芩"缝合"在一处，从而使小说获得了似《青春之歌》般"完满"的形式。曾储的问题是只有"抽象"的议论，却无法将自身的"道（理）"转化成令人信服的"肉身"，结合前文关于此一时期"历史观"的分析，我们当不难认识到，曾储之所以无法完成"道成肉身"的转化，实在是因为此一时期人们对于"历史"的看法已经封闭了曾储将那些"大道理"加以"践行"的空间。所以，无论是《公开的情书》还是《晚霞消失的时候》，"引导者"首先都是在"道（理）"方面完成了转变——老嘎老久的"超人论"和南珊的"仁爱哲学"便是例子。然而麻烦的是，"道（理）"现在是可信了，可是如果让其居于"引导者"的位置，它又会在"意识形态"方面造成巨大的冲击——张抗抗的"心有余而力不足"，以及《公开的情书》和《晚霞消失的时候》所引发的不安，大概都可以在这个框架里得到解释。

---

① 马齐彬、陈文斌等编写《中国共产党执政四十年（1949～1989）》，中共党史资料出版社，1989，第476页。

| 第二章 |

"日常生活"与"管理"

　　同发表在前的《乔厂长上任记》① 等名作一样，蒋子龙的小说《赤橙黄绿青蓝紫》② 发表以后，再度受到读者的欢迎。有意思的是，这次的受欢迎，又自有几点独特处。"到目前为止，读者关于《赤》稿的来信从数量上看不及《乔厂长上任记》和《开拓者》等作品多，但也有几个特点：一是来信者多是青年人……三是来信者多是和小说中的人物对上了号或者从解净、刘思佳身上照出了自己的影子的人。以前也有不少人跟我的小说中的人物对号，但多是找'反面'人物。这常常使我哭笑不得。而这次惹得许多年轻人来对号的两个人物，却是深深地寄托着我的同情和信任的'正面'形象。"③

　　对于我们的讨论来说，上述"读者反应"似乎特别值得我们注意。这一次，青年们对小说中的"正面"形象颇为"认同"，由此，才引得许多青年人"对号入座"。可是，正如我们在第一章中已经指出的，现在，面对既有的关于"历史"的宏大叙事，人们不是已经疑虑重重了

---

① 蒋子龙：《乔厂长上任记》，《人民文学》1979 年第 7 期。
② 蒋子龙：《赤橙黄绿青蓝紫》，《当代》1981 年第 4 期。
③ 蒋子龙：《蒋子龙选集》（三），百花文艺出版社，1983，第 391 页。

吗？如此，问题就变得有趣起来，面对这一"资源"危机，蒋子龙究竟采用了何种手段、挖掘出了何种新的"资源"，这才使得他笔下的"正面人物"招来了青年人的如此认同呢？

要解答这些问题，大概还得从对这篇小说的分析开始。

第一节 "日常生活"的介入

小说《赤橙黄绿青蓝紫》开篇，写的是第五钢铁厂汽车队工人刘思佳，在早班时间之前，于厂门口前卖煎饼的事。事情一起，立刻闹得全厂议论纷纷。厂党委书记祝同康听到报告，决定找汽车队副队长解净前来，一同商讨对策。

然而汽车队副队长解净此时还并不知情。在她得到通知、准备前往祝书记办公室前，她遇到了好朋友同时也是刘思佳女朋友的司机叶芳：

> 解净拔下汽车的钥匙，跳下车去找叶芳，今天早晨她是驾着叶芳的车练习的。推开更衣室的门，见叶芳坐在凳子上闷头抽烟，这个无忧无虑的姑娘今天是怎么啦？她从叶芳手上夺过香烟，扔到地上踩灭，用一种对知心的朋友才有的口气说："小叶，抽烟太多嘴唇会变黑，脸皮会发黄，你怎么老记不住。嗯？今个为什么不高兴？"

这里让人感兴趣的，应该说是解净给叶芳打招呼时的"方式"——不仅说话的时候用的是"知心朋友才有的口气"，而且解净所疑虑之事的顺序也颇有讲究：她并不先问叶芳为什么不高兴，却是将抽

烟对"嘴唇"和"脸皮"的危害放在了前面。这几句问话看似平常，却又并非那么"自然"——我们且先往下看。

更为精彩的还在后头——当解净来到祝同康办公室时，她却对自己"穿着一身干干净净的西装"浑然不觉（习惯成自然？）。面对祝同康不满的目光，解净心里更是很不以为然："你一见我这身打扮就皱起眉头，闭住眼睛，一脸反感，难道真有必要再来一番关心、爱护、惋惜之类的大道理吗？"后来，祝同康给自己点上一支烟后，又突然抽出一支烟递给解净，解净婉拒，但祝同康说："听说你也学会了？""这话刺激了解净。是的，她是学会抽烟了，但只是为了不叫自己太厌恶抽烟的人，她对烟并无感情，平时也决不吸一口烟。可是现在不知是出于怄气，还是处于恶作剧，想看看祝同康对她吸烟的反应，她大大方方拿起党委书记的一支烟，点着火吸起来。"

现在我们该说说解净是个什么样的人了——据小说介绍，以前的解净，"思想纯洁到不能再纯洁了，就像一个透明的物体，从里到外一切活动都看得清清楚楚。她能够把自己一切最隐秘的思想活动都和盘托出来，在当今复杂的社会环境下能做到这一点多么可贵。她可以每天向党组织交一份思想汇报，而且那不是为了献媚讨好，不是单纯向组织表示靠拢的形式。她的每一份思想汇报都是真诚的思想检查。在她的眼里，党委书记就是党，就是给了她政治生命的父亲。她对政治生命比对自己的肉体更看重。那天她宣誓入党回来，哭了，哭得非常真诚，有感激，有惭愧。党在她的心里是那样崇高，那样伟大，她没有想到自己会这么容易地就成为党的队伍中的一员。她这样两手空空地走进来，好像对不起党，亵渎了党的尊严"。而"四人帮"倒台以后，由于"解净是'文革牌'的新干部，而且是摇笔杆搞宣传的，由接班人的地位一下子降到处处吃白眼。她脸上的那种纯真可爱的笑容消失了，永远消失了，她突然长大了十岁，一下子成熟了。她主动要求下车间去当工人"。并且在被派往汽车运输队后，"死活不当政工干部"。

如今，出现在祝同康面前的解净的确已经不再是从前的解净了——如果说解净吸烟还属迫于无奈的话，那么她对于穿着打扮的关注（或说不反感），就该算是她的"自觉"行为了；如果说在以前，解净"对政治生命比对自己的肉体更看重"，那么现在，对于"肉体"的着意修饰（"穿着一身干干净净的西装"）或有意爱护（牢记抽烟对于"嘴唇"和"脸皮"的伤害）则似乎表明，现在的解净倾向于认为，与"政治生命"相比，"肉体生命"如果不是更重要的话，至少也有它不容抹杀的重要性。

无独有偶，在与《赤橙黄绿青蓝紫》同年发表于《当代》上的小说《年轻的朋友们》[①] 里，我们也能看到这种对于青年女工之"肉体生命"的细致描述——只不过较之《赤橙黄绿青蓝紫》，在《年轻的朋友》里，这样的描述呈现出更为夸张的意味。我们且先看几段对于小说主角、青年女工李晖的"外貌"描写：

他不敢相信自己的眼睛，更不敢相信这个姑娘是从他们机电设备厂走出来的：柔软的头发烫成舒展的大花，瀑布一样披在肩上，真让人觉着有点过分；那紧身的连衣裙，方形的领口里露出一条金色的项链，裙子的下摆又那么短，高跟皮凉鞋，站得离他这么近，又是香水味！——"进城吗？一起走吧。"她的声音很高，仿佛车站上只有他俩。

录音机里播放着音乐。李晖抑制不住地踩着节拍。她有一张多

---

① 郑万隆：《年轻的朋友们》，《当代》1981 年第 2 期。

么生动的脸！乌云似的头发象一朵墨菊盘在头顶，开司米的羊毛衫曲线流溢，紧腰曳地的喇叭裤修长飘逸。

李晖来了！一件雪白的连衣裙，还戴着一项白色的凉帽，那么扎眼，好象是从夏威夷来的归侨，风度翩翩地引得游人们都多看她两眼。可她一点也不在意，仿佛公园里就她一个人。

与解净"干干净净的西装"相比，李晖的打扮无疑更为"大胆"、"前卫"、"时尚"！然而不论"前卫"程度如何，问题的另一面是，解净、叶芳和李晖们之所以能有如此打扮，实在与 1980 年代初期的时代氛围脱不开干系：据《文汇报》1978 年 7 月 11 日报道，"烫发"开始成为北京、上海、广州等大城市的时尚①；同样是在 1978 年，电影《望乡》和《追捕》的热映，带来了"喇叭裤"的流行②；1979 年，皮尔·卡丹来到中国，并在北京民族文化宫进行了一场时装表演③；1980年，美国电视剧《大西洋底来的人》的热播，使得"麦克镜"开始受到年轻人的热烈追捧④……放在这样的"时尚"环境之中看，解净也好、李晖也罢，她们似乎都可以被看作是这股正在勃兴的"流行文化"热潮中的一分子。在解净，是小心翼翼的靠近和尝试；在李晖，则是大

---

① "文汇报 7 月 11 日讯似乎一夜之间，在中国城市中，人们开始时兴烫头发。在一些如北京、上海、广州等大城市，经常可以看到理发店排起了长长的等待烫发的队伍。"（李庆山、吴伊婷编著《激情三十年——中国百姓生活大变迁》，中共党史出版社，2009，第 5 页）

② 《1978！喇叭裤是一面自由的旗帜》，http：//www. zgkz. cn/article/show. asp? id＝34060.

③ 《中国，25 年流行全记录》，http：//www. mtime. com/group/gossip/discussion/93711/。

④ 《中国，25 年流行全记录》，http：//www. mtime. com/group/gossip/discussion/93711/。

胆热情的拥抱和乐在其中。

在以第二次世界大战之后英国青年"亚文化"为主题的研究著作中,伯明翰学派的同人们提出了他们对于"文化"的定义:

> ……我们所理解的"文化"意指这一层次,在其中,社会群体发展他们独特的生活形态,并且对其社会和物质生活经验给出表达形式。文化乃是群体"处理"其社会和物质存在之原材料的方法和形式……"文化"乃是通过有意味的形式将群体生活加以实现或客体化的实践……某一群体或阶级的"文化",乃是该群体或阶级独具特色的"生活方式",乃是体现在体制、社会关系、信仰系统、习俗惯例、对对象的使用和物质生活之中的意义、价值和理想。文化是一种独特的形式,在其中,被从物质和社会方面组织起来的生活得以表达其自身。一种文化包含着"意义的地图",它使得事情能够为其成员所理解。这一"意义的地图"并非仅仅只是在脑子里想想:它们在社会组织和关系的形态中被客体化,由此,个人变成了"社会人"。文化乃是某一群体的社会关系被结构化和塑形的方式,但它同时也是这些形式被体验、理解和阐释的方式。①

简单地说,在伯明翰学派看来,"文化"的问题,其要素有二:一为"形式",二为"内容"。两种要素不可割裂,却是有机的统一,也即所谓"有意味的形式"。"文化"的"形式"面,强调的是人们在

---

① Stuart Hall, Tony Jefferson ed., *Resistance Through Rituals: Youth Subcultures in Post - War Britain*, London: Hutchinson, 1976, pp. 10 – 11.

"处理"其生活原材料时所采用的"形式"，以及人们对这一"形式"加以理解的"方式"；而"文化"的"内容"面，强调的则是人们拿来造就某种"形式"的"原材料"和生活经验。因此，当某种"文化"表现出特定的"形式"时，我们需要追问的是，它为什么会以这样（而不是那样）的"形式"表达自身？这样的"形式"选择，又是为了配合什么样的特定"内容"？回到我们目前的讨论，则我们要问，解净也好、李晖也罢，她们为什么会选择"流行文化"这种"形式"来表现自己？"流行文化"这一"形式"，对应的又是怎样的"原材料"和"生活经验"？

我们对上述问题的讨论，不妨先从《中国青年》1979年第2期上的一封读者来信开始。在这封读者来信中，有人问了这样一个问题：讲究穿着是资产阶级思想吗？对此，杂志回应说："我们党领导人民进行革命的目的，就是在发展生产的基础上，不断地提高人民的物质文化生活水平。生活水平提高了，人们在穿着方面讲究些，是合情合理的。过去，林彪、'四人帮'散布什么'越穷越光荣'、'越破越光荣'，谁要是稍微讲究一下穿着，'修正主义'、'资产阶级'的大帽子就扣将过来。"[①] 如果我们将这一回答与发表于不久之后的著名文章《要真正弄清社会主义生产的目的》加以对读，我们当更能明白其间的含义——《要真正弄清社会主义生产的目的》这篇文章认为，"长期以来，在我们的经济工作中有一个口号，叫做'先生产，后生活'。如果把它理解为生产决定消费，在发展生产的基础上，才能逐步改善人民的生活，无疑是对的。在特定的情况下，为了克服困难，这个口号也是必要的。可是，这个口号把发展生产和改善生活机械地割裂开了，容易产

---

① 刘晓林：《讲究穿着是资产阶级思想吗?》，《中国青年》1979年第2期。

生种种误解"①。文章进一步说："多年来经济工作中存在只重视积累、不重视消费，只重视'骨头'、不重视'肉'的做法，与套用这个口号是有关系的。"② 文章最后提出："必须生产生活一齐抓。"③ 因此，《中国青年》杂志的论证逻辑是："讲究穿着"的问题，应当被纳入"生产/生活"的矛盾之中加以解释；而"生产/生活"的矛盾，其实也就是"生产/消费"的矛盾。因此，"流行文化"所引领的"消费"时尚，其实凸显了毛泽东时代在"消费"方面的失败——根据蔡翔先生的考察，早在1960年代初期，"消费"问题即已成为引起社会主义内部紧张的关节所在④；如今，在毛泽东时代受到贬抑的"消费生活"，终于在李晖、解净们的身上，以一种类似"炫耀性消费"的方式，得到了正面的表达。⑤

---

① 特约评论员：《要真正弄清社会主义生产的目的》，《人民日报》1979年10月20日。

② 特约评论员：《要真正弄清社会主义生产的目的》，《人民日报》1979年10月20日。

③ 特约评论员：《要真正弄清社会主义生产的目的》，《人民日报》1979年10月20日。

④ 蔡翔：《1960年代的文学、社会主义和生活政治》，《文艺争鸣》2009年第8期。

⑤ 这里不妨引述一下鲍曼对于东欧社会主义的分析："鲍曼提出，东欧社会主义国家解体的主要原因是社会主义和现代消费社会的不相容性。在鲍曼看来，社会主义在动员国家资源发展工业和经济增长的组织计划方面是比较有竞争力的，但是当它不得不满足人民日益增长的需求时，它马上就面临不可解决的严峻问题。换言之，尽管社会主义能较有效地满足人们的基本需要，但却不能解决迅速增长的需求变化。""鲍曼的中心论点是，在社会主义制度下，国家全部负责满足消费者的需要。任何消费者的任何失望都可以被解释为是政府和国家无力恰当管理或忽视经济造成的结果……一旦消费者的需求增加，需要多样化了，政府即使在原则上也不能再满足它们了。一个大众消费的社会主义社会是一个自相矛盾的社会。它失败的原因不是技术上的，也不是政治腐朽和领导人的无能或腐败造成的。计划经济只能遵照需要的逻辑而不是欲望的逻辑解决问题。只有依靠个人积极性发展经济的资本主义制度才能在需求的个人性方面生存下来。结果，社会主义社会是不稳定的，是很政治化的，而西方国家却通常不会因为消费者的失望受到责备。因此 （转下页注）

　　需要说明的是，这样的一种"炫耀性消费"，其正当性又是建立在某种"道德话语"的基础之上的——1979 年，《中国青年》上有

（接上页注⑤）资产阶级的政治秩序相当稳定……"（尤卡·格罗瑙：《趣味社会学》，南京大学出版社，2002，第 81、第 81～82 页）鲍曼的分析对象是"东欧社会主义国家"，但拿他的分析来理解中国的状况，似乎也大致可行。

　　另外，王绍光对于"闲暇"的分析，似也可以为我们的理解提供某种参照。他指出，在毛泽东时代，国家对所谓"闲暇"是严加控制的。（1）规定闲暇的时间长短。"从 50 年代到 70 年代，中国的计划者和管理者倾向于认为，只要能保证工人得到足够的时间恢复身体，削减闲暇没什么不对的。在那些年里，不给或很少给补偿，就要求工人加班加点的现象并不罕见。而且还经常在星期天和假日里，组织党、团员及政治积极分子从事'义务劳动'。"（2）规定闲暇的形式。"在中国的政治文化里，公共利益一直占据了'一个神圣不可侵犯的优先位置'。而共产党的革命则加强了这个公共利益的概念，像所有其他事物一样，在'文革'之前和'文革'中，闲暇的形式反映了这个特征。在'集体主义'的名义下，闲暇活动应采取集体行动的形式，这成了一条不成文的规定。"（3）规定闲暇的内容。"如果说在 50 年代，国家已经占用了人们大量的时间，而且开始规定人们闲暇活动的方式，在 60、70 年代，则进而试图规定闲暇活动的内容。"从最初告诫人们"用一种漫不经心的态度来享受娱乐在政治上是危险的"，到后来开始教育人们"在他们闲暇时，他们应该干些什么不应干些什么"，到"文革"时期"出现了这样一条不成文法规：除非得到官方允许，否则没有闲暇活动是合法的"。然而，这一"组织"日常生活的设想，也只是部分地得到了实践。对此，王绍光有生动的描述："当然，官方维持对闲暇的控制的努力是一码事，而这种控制有多大可能实现又是另一码事了。具有讽刺意味的是，1967、1968 年这两年'文革'进行到高潮时，许多中国人发觉，多少年来他们第一次有了大量的自由时间。那些由于某种原因而在派性斗争中没有利益关系的人，被称为'逍遥派'。既然学校关闭了，工厂受到严重破坏，'逍遥派'的问题在于如何消磨时间。年纪小一点的学生觉得同他们的邻居在一块玩儿要比与那些红卫兵组织的同志在一起快活多了。每天，他们在大街上游逛，从一些儿童的游戏中，如'斗鸡'、'放信鸽'中寻找刺激。年纪大一些的高中生和大学生则有更高级的娱乐方法：一些人打牌、下象棋、下围棋，另一些则读古今中外的小说，那些在'破四旧'运动中遭到烧毁的书籍成了抢手货。还有一些年轻人在大街上泡女孩，他们沉浸于浪漫生活之中，把周围动荡不安的世界从他们的思想中部分地抹去。也有一些人忙忙碌碌：有的回到象牙塔中，一心一意地学外语，研究数学、物理等；有的则较实际，学编织、裁剪、烹调、装 （转下页注）

对于所谓"看透"问题的讨论。在讨论中,有人来信提到了其"妹妹"的自杀,该信是如此描述这位"妹妹"的:

　　她阅读的文艺小说,全是"一点不脏",实则帮味十足的"红书"。凡是"禁书"一律不看。就连《青春之歌》,她也劝人不要看,说是"写得脏脏的,谈情说爱,低级趣味"。至于古典的、外国的,更是"封、资、修",不能看。

　　她衣着单调:凡花的不穿,"洋气"的不穿,所有衣服颜色——兰、白、灰、黑;从小学到高中毕业,从未穿过裙子,短袖衣也穿得极少,的确良更不穿,更反对烫发。

　　她把男女情爱视为"禁区",好像恋爱、结婚是见不得人的"丑事"。

　　总之,在妹妹看来,"左"就是"革命",越"左"就越"革命"。因而对许多本来是正常的、合理的事情,她也看不惯,认为是"修正主义""资产阶级"。一九七六年,我剪了个"运动头",她批评我是"资产阶级思想"。姐姐举行婚礼,她也不

(接上页注⑤)修收音机、练习乐器及发展其他技能。这样,钓鱼、打猎、做木工和家庭装修成了许多人的爱好。1967 年后半期,在中国的许多城市,谣传经常在静脉里注射公鸡血,可以延年益寿。很快这就成了城镇中的热门话题。许多人大胆地亲自试验这个配方。更多的人乐于谈论它是如何灵验。在成百上千的人在派性斗争中被打死打伤的同时,另一些人却在寻找延长寿命的秘方。这时,许多原来被贴上'毒草'标签的电影又在放映了。其名义是为了批判'毒草',群众需要看或是重看。但实际是许多人对只看几部单调的'革命'片已经厌倦了,他们需要更多的选择。一些群众组织甚至想从给文化上饥饿的群众放电影中谋取利益,那时不断有报道说,这类电影的拷贝被从一个组织手中抢到另一个组织手中。"(王绍光:《私人时间与政治——中国城市闲暇模式的变化》,《安邦之道》,三联书店,2007,第 511、512、513、514 页)

愿参加。甚至她参加工作后，厂里先发给工资，她也有意见，说："上班不是为了钱。"领夜餐费，她认为是"多吃多占，不应该"。①

　　毫无疑问，读小说、穿衣服、谈恋爱、剪头发、参加婚礼等，无不属于"八小时以外"的日常生活范畴；而在"极左政治"的眼里，它们都属于需要被"革"掉的"封、资、修"。在这里，"极左政治"被描述为某种"压抑"、"人性"甚至"本能"的反动力量，因此，当李晖们以某种"炫耀性消费"的面目出现在众人眼前的时候，她们的行为也就被点染上了追求"个性"、"自由"等的"反叛"色彩；而对李晖们的行为表示出不解、不满甚至"痛心疾首"的人，则首先成为"道德"上的"保守派"——祝同康就是例子之一。②

----

① 周小园：《妹妹之死说明了什么？》，《中国青年》1979 年第 2 期。

② 有意思的是，学者在考察欧美"时尚"的源起特征时，也发现了类似"道德话语"的存在："将呈现为新奇形式的新事物引入到社会当中，通常会遭到激烈的反对。正如齐美尔所观察到的，在传统的社会里，新奇的事物往往引起人们的恐惧，而以惯例形式出现的熟悉事物却往往顽强地固守着传统。但即使在现代社会，依然存在着反对人们接受新奇事物的强有力的传统力量。因此，尽管时尚体系本身已经为人们广泛接受，但是对于那些容易被接受的独特的时尚风格来说，它们普遍被认为更多显示了新奇的事物，而不是社会的文化保守方面，因此它们也很容易激起强烈的反对，这通常是因为体现在新产品和服务当中的新奇性被看作是对既有道德规范的一种威胁。一个多世纪以来，从女裙的裙撑到迷你裙的各种新女性时尚，一直被指责为是'对道德规范的公开冒犯'，同时，从华尔兹到摇滚乐的种种新娱乐形式，均被指控为是对风俗的威胁。就此而言，在新奇事物的合法化方面，非常需要某些具有对抗性的激进文化力量，这种文化力量不但攻击传统权威的基本原则，而且证明持续引入新奇事物的正当性。"而根据布卢姆伯格的考察，"在 1960 年代，时尚经常源自反主流文化的成员当中，反主流文化是一场自觉的运动，它既反对传统价值和既定的观念，也反对市场意识形态。为了代（转下页注）

值得注意的是，用"新奇、现代/传统、保守"这一对概念来赋予李晖们的"炫耀性消费"以正当性，正是当时思想解放派常用的一种修辞手法。可是实际上，真正能在此时被动员起来响应和接受此种正当性的，却并非仅有对于新奇的向往——如录音机、喇叭裤之类，它更含有对于普通的"人情物理"（如"食色，性也"）的认可：人总要吃饭、有物质的需要、要过日子……因此可以说，这种"人情物理"倒是历史悠久的东西；而对于"人情物理"的认可，也就可以被理解为对某种传统的认可。与之相对，"极左"的所谓"先生产、后生活"，其实却是某种激进的、现代的构想，它所允诺的，是用对"个人"物质消费的暂时压抑，来换取"集体"在将来某一天的"物质"、"精神"双丰收。就此而言，说祝同康僵化，是对的；说其保守，却不一定对，因为他的僵化，其实是对某种新奇之物的僵化——而当时将僵化与保守连在一起理解，正是一个很特别的现象。

（接上页注②）替这些传统观念，反主流文化主义者提出了个体自我表现和自我意识实现的核心原则，并且对直接经验、个性、创造力、真实的感觉和快感等赋予了特别价值。他们的这种举动，实际上是在重申浪漫主义的核心价值，这些价值在 18 世纪后半叶已经被明确表达过，随后又在 1890 年代和 1920 年代被再度肯定。借助于那些为拥有更多的个人自由作辩护的浪漫主义观念，他们要用自身拥有的同等有力的道德宣言来回击传统主义者。因此，他们对个人（尤其是艺术）特权的要求，尽管可能出于最高尚的动机，但实际上是为拥有更多的自由去生产和出卖先前的禁忌产品提供合法依据"。而"道德"与"商品"之间，也由此形成了一种"反讽"关系："在一个社会中，为新奇事物的辩护必然与那些反对传统和试图攻击所有针对个人行为的禁忌和限制的运动有密切的关系。虽然新奇商品的生产、分配和销售完全是商业运作，但面对传统主义者的道德指责，这一过程的延续实际上取决于道德家们的行动，道德家们的关注完全是非商业化的。在这种情况下，对于艺术表现自由的理想化的要求，在实践中证明与没有约束的广泛的消费自由有着无法摆脱的联系，这一事实构成了一种反讽。"（罗钢、王中忱主编《消费文化读本》，中国社会科学出版社，2003，第 279、280 页）

还有，在当时中国"社会主义"的语境之中，类似《年轻的朋友们》的这种渲染，却又很可能是"不够"的——有人秉持马克思主义的社会发展阶段论，认为"李晖的精神状态、思想面貌对现实生活中流行的封建传统观念，是一种反抗和挑战，但并不是社会主义的，而是要求个性解放的、注重自我的民主主义思潮"。① 还有，尽管小说曾告诉读者，李晖乃是她们厂"保持下线'二百五十七米最高纪录质量标兵'"，但"作者在五万余字的作品里，用二百余字的那段关于'质量标兵'的描绘，乍看似乎有点滋味，可稍一琢磨，就会觉得它是无源之水、无本之木。试想，一个在衣着打扮上如此煞费苦心、百般追求的人，哪有更多的心思和精力去深入地探究业务技术"？②

根据《年轻的朋友们》的作者郑万隆的说法，他的原意是试图通过这篇小说来提出这样一个重大问题：

在《年轻的朋友们》里，我的意图只是通过"先进人物能不能打扮"这个"表象"把李晖这个人物推到读者面前，进一步通过李晖的父亲——一个老八路的口提出这样一个问题："挑在我们肩上的历史责任，将要落到你们的肩上。你们虽然还回答不出来，但我们应该严肃地向你们提出来，我们两代人都应该做准备了……"③

但是我们通过小说看到的，只是这一"意图"与小说"表达"之

---

① 《努力为当代青年塑像——〈赤橙黄绿青蓝紫〉和〈年轻的朋友们〉座谈纪要》，《文艺报》1981 年第 20 期。

② 雨花、柯杰：《这样的形象并不美——也谈〈年轻的朋友们〉中的李晖》，《作品与争鸣》1981 年第 12 期。

③ 郑万隆：《探求中的短长》，《作品与争鸣》1981 年第 12 期。

间的严重不协调——尽管试图处理的问题算得上严肃且重要，但小说的"表达"（无论就篇幅分配还是修辞风格而言）都与这一"主题"相去甚远。①

与之相较，人们对于解净的评价就要积极得多：如果说李晖的精神状态最多只能算是"民主主义"的，那么在评论者看来，解净则无疑代表着"走向未来"的力量："解净所走的道路，是新时期企业管理干部的必由之路；解净前进的方向，是企业干部队伍建设的方向。"② 此说根据何在？

要解释解净与李晖的差别，我们恐怕需要好好审视一下《赤橙黄绿青蓝紫》中的另一位主角——刘思佳。

第二节 "哥们义气"、"管理"和"工人阶级"

现在让我们来看看卖煎饼事件的主角——刘思佳。

对于刘思佳，时人曾描述说，在他身上，存在着两个世界："一个世界是感情的，骚动着不安、怀疑，他用冷漠和粗暴来扭曲生活，以玩世不恭的嘲讽来慰藉自己浮躁的灵魂；一个世界是理性的，然而却是内在的：洋

---

① 其实即使是作者本人，对于该如何把握李晖这一人物形象，也并不清楚。"李晖是个综合形象。她有'十年浩劫'死而复生的经历，又有'大胆得有些粗野'、不受因袭羁绊的思想；她既单纯又复杂、既热诚又冷漠、既娴美又放诞、既好学上进又惊世骇俗；她既可以给同学充当'临时媳妇'、敢于为父亲寻找'老伴'，又'费神'地打扮着自己、强烈地追求着女性特立独行的人格，同时她也是生产上'最高纪录的保持者'——这种十分矛盾的现象、心理、性格、思想和行止，在李晖身上是怎么和谐统一的呢？"（郑万隆：《探求中的短长》，《作品与争鸣》1981 年第 12 期）

② 《努力为当代青年塑像——〈赤橙黄绿青蓝紫〉和〈年轻的朋友们〉座谈纪要》，《文艺报》1981 年第 20 期。

溢着真诚、友爱，对生活的美好的幻想，一个严肃的向上的灵魂。"①

如果接着这"两个世界"的说法说下去，那么我们是否可以说，刘思佳那"洋溢着真诚、友爱，对生活的美好的幻想"的世界，似乎更多地体现在他的"哥们义气"当中；而他那"骚动着不安、怀疑"的世界，则似乎更多地指向了以解净为代表的政工干部，和以祝同康为代表的工厂的管理者们。

我们且先来看看他那个"哥们义气"的世界。

中国1949年以来的"德性统治"所造成的后果之一，就是"积极分子"与"普通群众"之间的分裂和对立。而在一个政治压力日益弥漫于整个社会的环境中，人们因为担心自己的言行可能造成的严重政治后果，人与之间的关系也变得更为紧张。这时候，"哥们义气"就开始成为人们寻求人际安全的一种选择；同时，这样的"哥们"小集团的存在，也加剧了"哥们"与"积极分子"之间的对立。②

---

① 蔡翔：《什么是刘思佳性格》，《上海文学》1983年第4期。
② 谢淑丽（Susan Shirk）在研究毛泽东时代中学生的竞争策略时，也发现了类似工厂之中"哥们义气"的存在，她对其做了如下描述：

　　中国高校里政治竞争的压力，增强而非弱化了学生之间的友谊。年轻人并没有全身心地投身于公共的政治领域，相反，他们将更多的情感灌注于私人情谊世界。中国的体制通过对政治德性的判断来分配机会，其几大特性是造成这一复杂的私人化过程的原因。

　　由于人们已经将官方的道德信条加以内化，当无法达到其严苛要求时，他们中的许多人就会产生越轨感。由于官方所推崇的道德不承认任何个人利益的合法性，人们就对他们自己的野心感到羞愧，并且总是处于防护状态，以防自己的"自私"被别人发现。因此，人们开始寻找信得过的朋友，在他面前为自己的想法辩护并表达自己所真正认同的东西。以朋友为重则进一步增强了人们的越轨感，因为保护朋友的举动（比如对政治错误隐瞒不报，或批评时避重就轻）在官方那里是会被视为违法行为的。因此，一旦友谊诞生，双方对此一关系的投入就会愈加热切，因为出于情感支持和互相保护的考虑，朋友之间是越来越相互需要了。

（转下页注）

因此毫不奇怪的是，当解净这样一位前"积极分子"来到汽车队时，以刘思佳为首的一帮"哥们"会对她加以如此的捉弄；同样毫不奇怪的是小说在描写刘思佳等人对"政治"的厌恶时，会表现得那么尖刻——据蒋子龙介绍，在小说初稿被送到《当代》编辑部之前，它曾"被一个刊物强行拿走，不几天又原稿退回，结论是：'有一股盲目反政治的倾向！'"① 而《当代》编辑部在初审此稿时，也有编辑认为"刘思佳对于'政治'发的那些牢骚话，似有过火的地方"。②

（接上页注②）人们的未来在很大程度上取决于领导对其思想和行为的评价，这也是人们愈加看重友谊的原因。这使友谊关系充满了危险，同时却也使其更加珍贵。每个人都意识到，通过与某个朋友划清界限，他或她的职业前景将更有保障。因此，如果他或她在明明可以与更有政治权势的人拉上关系以获取更大利益的情况下，仍然选择要和你做朋友；如果有人与你一路同行并充满自豪，而这种关系却可能使他染上污点；如果有人拒绝背叛你的信任，即使背叛能使他或她获益——在这些情况下，你会怀着深深的感激和强烈的忠诚去敬爱那个人。政治竞争的风险（和诱惑）使得人们对社会生活的二元性深有感触：真诚——虚伪向度，积极分子与非积极分子之间的关系是其表现……背叛——忠诚向度，友谊关系是其表现。在一个人人都可以通过出卖朋友来获取就业优势的体制里，对朋友的忠诚就越发得到高度的评价。当人们看到周围的人都被迫在培养工具性的关系时，用友谊来沟通表达的性质就表现得越发明显：人们总是将纯粹的友谊与腐败的、"互相利用"的关系相比较。（Susan Shirk, *Competitive Comrades: Career Incentives and Student Strategies in China*, Berkeley: University of California Press, 1982, pp. 151 – 152）

对我们的讨论来说，谢淑丽关于学生间"友谊"的描述，能为我们理解工人中的"哥们义气"提供非常有益的参照。

① 蒋子龙：《水泥柱里的钢筋》，《编辑之友》1983年第3期。
② 朱盛昌：《〈赤橙黄绿青蓝紫〉的面世》，《当代》2009年第3期。其实，在《赤橙黄绿青蓝紫》创作之初，蒋子龙就决定要讲一个"反面"的故事："乔厂长这个人物是虚构的，可是，在基层，在工厂工作的同志，很少认为乔厂长是虚构的人物，都当成是真人真事。'四人帮'时期，由于生活的颠倒，新闻报道的颠倒，文学的颠倒，把人的思想搞乱了。有个青年读者给我来信说，你把领导写成好吃多占，甚至强奸妇女，他相信；你把干部写得勤勤恳恳，廉洁奉公，他不信。他不认为现在有这样的干部。因为'四人帮'的时候愚弄了他们，现在，你说真的他不相信，你说假的他倒相信。（转下页注）

而刘思佳这一次的卖煎饼，首先似乎也是出于"哥们义气"——为司机孙大头筹款。但是细究起来，刘思佳的这一举动其实更是出于对厂里经营管理不善、因而无法给予职工帮助的不满。①

现在，解净已经来到了祝同康的办公室，如何处理刘思佳这一难题，正摆在他们面前。面对祝同康的责难，解净以"管理"为名，沉着应对——据小说介绍，解净自到车队之后，便逐渐开始认识到，"运输队还不是管理不善，简直是没有管理"；而现在，她对"管理"的认识，又提升到了全厂的范围。面对党委书记，她公开地将这样的看法表达了出来，正表明了她在"新生"路上的第二个转折：如果说在见到祝同康时，她已经用那身西装表明了其对"大道理"的拒绝，那么现在，她对刘思佳卖煎饼这一事件的分析和判断，则表明她已找到了"新道理"——这个"道理"，就是管理。而经历了这两重转变，深切领悟到了"管理"之重要性的解净，也就终于打通了与刘思

（接上页注②）这种生活的颠倒给作家带来了很多困难。我明明写的是真的，他反而不信。这启示了我，不管作者怎样设想，主观动机如何好，前提先要使读者特别是青年读者相信，取信于读者，不然一切努力都是徒劳的。艺术的真实和生活的真实不是一码事；真实的生活和作品所反映的生活的真实，也不是一码事。为了解决这个问题，同时也想在艺术上不断地有点探求，我创作了《赤》。我先让你相信是真的，然后再往下展开故事。"（蒋子龙：《小说杂谈》，《蒋子龙选集》（三），百花文艺出版社，1983，第 373～374 页）

① 正如当时的评论家所说："刘思佳卖煎饼——它胶合着刘思佳多方面的心理：他有愤懑之气，有些人身居其位，却胸无大志，他有报国之心却又报效无门；他质地纯洁、注重友情，无法容忍领导者对群众的冷漠和麻木；他有嫉妒心，生活中多的是阴阳颠倒！他由不满而至抗争，却又无法通过正当的途径来实现他个人的价值。他铤而走险，一鸣惊人，希冀以此惊动工厂。一片冰心还是一片苦心？这是一个挑战：事物的否定方面向肯定方面的挑战。在他偏激的行为中，溶注着更多的历史内容和社会要求。他从感情和直觉出发，无意中却踩到了社会变革的节拍上。"（蔡翔：《什么是刘思佳性格》，《上海文学》1983 年第 4 期）

佳交流的通道。

解净从党委书记处回到车队，绝口不提刘思佳卖煎饼的事，却在安排妥当工作之后，提出要奖励"八卦图"的作者。小说介绍，这"八卦图"原是刘思佳所做，但当刘思佳怀着得意的心情去看经过解净修改过的"八卦图"时，他才发觉"这已经不是他的'八卦图'了，而是一张真正的服务质量和经营管理的考核标准图，十分严密，非常具体，不仅有项目，而且有考核办法。这张图只不过是受了他那张'八卦图'的启发，这已经是另外一张水平更高级、更精细的科学管理图表了"。可以说，正是解净这一由"政工干部"向"管理干部"的成功转型，并且在"管理"方面表现出高刘思佳一筹的能力，才最终使得孤傲偏激的刘思佳对解净心悦诚服。

然而此时，小说里却出现了一个"反高潮"：两人出车去油库，却发现一辆装着十几个油桶的汽车突然起火，危急之中，解净本欲将汽车开出油库，中途却被刘思佳强行替下；他处理得当，终于化险为夷。当人们团团围住这位英雄、称赞他是"活雷锋"时，刘思佳却"暴怒"而去，于是人们只得围住解净，称赞连连。正当解净被围、不得解脱时，刘思佳居然再度出现：

> 正在这时，刘思佳突然来了，他跳下车，接好管道灌上油，没事人一样走过来。但他已经不是刚才救火时的装束，穿一身咖啡色的西装，系着黑地白点的领带，脚穿黄色牛皮鞋，眼睛上架着大号的光学玻璃片墨镜，风流，潇洒。很"洋气"，"洋气"的出了圈儿，完全不象一般的"土玩闹"。如果走在大街上，人们会以为他是刚从国外考察回来的专家。

可是刘思佳的这一"反英雄"举动，却是与解净"心有戚戚"——首先，当包围了刘思佳的人群包围住解净时，她心里也觉得反感："这些人要干什么呢？失火的时候他们干什么去了呢？刚才救火倒很简单，现在应付这些人倒很麻烦，还是刘思佳聪明，她佩服他的机警和果断……围住她的这些人都报过自己的头衔了，有油库的主任、书记、政工组长、宣传科长、商店的书记、街道主任等，解净想如果自己还是宣传科副科长，碰上这种事也会扮这么个角色吗？"后来，她初则无意识、继而十分自觉地说，要"控告"油库领导，因为"她通过今天这场事故对油库的工作确实也看出很多漏洞"——说到底，一方面，还是对既往"政治"的拒绝；另一方面，还是对"管理"的念念不忘。①

所以小说结尾，"英雄"救火，引发的并非对"英雄"高尚道德情操的赞美——小说笔锋一转，于结尾处波澜不惊地写道：一方面，油库领导还是要来他们厂里表扬解净和刘思佳两位；另一方面，解净真的已经起草了一份"对油库领导的起诉书"。而这份起诉书，也让刘思佳最终明白了自己与解净的差距②——因此，有评论家认为，"倘若没有解

---

① 当然，也有人对这样的描写表示不满："《赤橙黄绿青蓝紫》个别地方的描写，渲染得太过分了。刘思佳救火后换西服为解净解围，就很有点'加里森'的劲头，太'神'。我也不太赞成在作品中不加分析地把长发、耳环、项链、衣着以及抽烟、喝酒作为'新'的标志。"（晓蓉整理《努力为当代青年塑像——〈赤橙黄绿青蓝紫〉和〈年轻的朋友们〉座谈纪要》，《文艺报》1981年第20期）

② 用评论家的话来说，就是："刘思佳不是一个政治家……他很实际，总是站在自己的位置上来研究生活。这使他'看出了好多问题，他肚子里有许多道道'。他是一个现实主义者，而他的坎坷遭遇又不可避免地在他对生活的思考中掺杂进一丝向社会要求报偿的报复心理。他有着青年人热情的冲动和盲目，而缺乏成年人客观的清醒和主观的韧性。一句话，他有的是自发性，而不是自觉性。"（蔡翔：《什么是刘思佳性格》，《上海文学》1983年第4期）

净的介入，刘思佳能否完成他的裂变过程，经过分裂的痛苦而成为一个新人？我认为，答案应该是否定的"。①

然而需要立即指出的是，解净的转变并非孤立现象，她的形象特点，正是其时正受到高度评价的所谓"开拓者家族"的共性②——在评论家看来，只有"开拓者"们才真正"代表了新旧交替时期现代大工业的两、三代人的完整的形象"。

而"新时期"之初最为人所知的"开拓者"，便非《乔厂长上任记》中的乔厂长莫属了。小说交代说，乔厂长上任的要求之一，便是要求石敢当他的党委书记；然而有意思的是，这位党委书记却似乎是个"哑巴"："他身材短小，动作迟钝，仿佛他一切锋芒全被这极平常的外貌给遮掩住了。斗争的风浪明显地在他身上留下了涤荡的痕迹。虽然刚交六十岁，但他的脸已被深深的皱纹切破了，象个胡桃核。看上去要比实际年龄大得多。他对一切热烈的问候和眼光只用点头回答，他脸上的神色既不热情，也不冷淡，倒有些象路人般的木然无情。他象个哑巴，似乎比哑巴更哑，哑巴见了熟人还要呀呀咿咿地叫喊几声，以示亲热；他的双唇闭得铁紧，好象生怕从里边发出声音

---

① 用评论家的话来说，就是："刘思佳不是一个政治家……他很实际，总是站在自己的位置上来研究生活。这使他'看出了好多问题，他肚子里有许多道道'。他是一个现实主义者，而他的坎坷遭遇又不可避免地在他对生活的思考中掺杂进一丝向社会要求报偿的报复心理。他有着青年人热情的冲动和盲目，而缺乏成年人客观的清醒和主观的韧性。一句话，他有的是自发性，而不是自觉性。"（蔡翔：《什么是刘思佳性格》，《上海文学》1983 年第 4 期）。

② 刘思谦：《蒋子龙的"开拓者"家族》，《文艺报》1982 年第 4 期。需要说明的是，"'开拓者'家族"最初是由余斌提出的（余斌：《新人的概念与文学中道德主题的出现》，《文艺报》1981 年第 24 期），后来刘思谦又撰写专文对"'开拓者'家族"进行了评价，这篇文章对于人们接受、理解"'开拓者'家族"的影响似乎更大。

来。"小说介绍说，"文化大革命"前，"石敢是个诙谐多智的鼓动家，他的好多话在'文化大革命'中被人揪住了辫子，他在'牛棚'里常对乔光朴说：'舌头是惹祸的根苗，是思想无法藏住的一条尾巴，我早晚要把这块多余的肉咬掉。'"后来在某次批斗会上，石敢意外摔倒，"舌头果真咬掉了一块"，从此，"石敢成了半哑巴，公共场合从来不说话"。现在，乔光朴希望石敢重新出山，对他的分工倒也明确："我只要你坐在办公室里动动手指，或到关键时候给我个眼神，提醒我一下，你只管坐镇就行。"果然，此后小说便开始全力描写乔厂长上任之后大刀阔斧的改革过程，而石敢的"戏份"的确很少。而至小说结尾，上级领导在评价乔厂长的时候，认为他对石敢的"改造"，便是一大功劳。"老乔，你回电机厂这半年，有条很大的功绩，就是把一个哑巴饲养员培养成了国家的十二级干部。石敢现在变化很大了，说话多了，以前需要别人绑上拖着去上任，现在自己又想当书记又想兼厂长。老石同志，你别脸红，我说的是实话。你现在开始有点象个党委书记了。"

我们是否可以说，石敢在这里所经历的，其实是又一次"学会说话"的过程？似乎石敢的主动装哑，拒绝的正是毛泽东时代党委书记应该熟悉的那一套说法；而经过乔厂长的亲身示范，石敢又逐渐"学会"了党委书记在"新时期"所应该讲的话语——因此，上级领导才恰如其分地指出，唯有在"现在"，石敢才开始符合"党委书记"的角色要求了。而在《赤橙黄绿青蓝紫》之后发表的蒋子龙的小说《锅碗瓢盆交响曲》① 中，同样的角色配置再度出现。小说的重心，全在精通"管理"的饭店经理牛宏身上；而小说里再度出现了一位担当"政委"

---

① 蒋子龙：《锅碗瓢盆交响曲》，《新港》1982 年第 10、11 期。

角色的"哑巴"——"政治哑巴"赵永利①。

　　蒋子龙小说对"管理"的重视和对"政治动员"的不信任，自有其特定的"问题意识"②。然而值得探究的，恰恰是由此造成的"管理者"与"工人阶级"——比如解净与刘思佳——之间的微妙关系。

---

①　赵永利自述："我当过兵，打过仗，受过伤，还立过一个三等功。复员回来，我胸膛里还装着一颗学雷锋的心，可是睁眼一看，社会原来就是这个样子，哪里都有不合理，哪里都有不公平，早知如此，我何必拼死拼活地傻干呢？我有一肚子牢骚，我也跟别人一样有资格发发牢骚，但我不愿意发，不是不敢，是不愿意，我好赖是个党员，好赖当过功臣，胳膊断了往袄袖里吞，只有装哑巴！我的心冷了，对社会看透了，不说不笑，不哭不骂，混吃等死。你到春城饭店里来了，我一看、二看、三看，我的心慢慢又热了，只要我们自己不灰心，完全可以干出个样子。"

②　在一本小说集的"后记"里，蒋子龙曾经说过这样一段话：

　　我是个工人，我熟悉工人，我是以写工人走上了文学创作的道路的。但是以我师傅为代表的一批真正老工人的变化引起了我的深思，使我笔下人物的身份不自觉地升级了。我所以由写工人到写厂长，由厂长写到部长，不是赶时髦，更不是哗众取宠，有我难言的苦衷。

　　我的师傅是个八级锻工，中国第一代地地道道的产业工人，我有幸能跟这样的人扎扎实实地学了几年手艺。五十年代，他的精神状态可以用十六个最恰当的字来形容：大公无私、任劳任怨、勤勤恳恳、以厂为家。我们上早班，下班的时候看到中班要干一种很复杂的活，我就不走，留下来继续干，想学点手艺。师傅也不走，陪着我，一边干一边讲解。他每天都是早来晚走，上班的观念很强烈，下班的观念很淡薄。可是到了七十年代，他对个人的事情斤斤计较，上班干私活，给家里打个菜刀，做个斧头，工作时间睡觉，甚至迟到早退。有时他回到家里什么事情都没有，也想早走个十分钟八分钟的。七十年代初我当了车间领导，检查劳动纪律的时候，偶尔也会在车间门口碰上想悄悄溜走的师傅，他害臊，我比他更害臊，把头一低装作看不见，大会上不点他的名，更不扣他的奖金。我心里非常难过，这是为什么呢？可悲的是有这种变化的不仅是我的师傅一个人。我太了解自己的师傅了，有这种变化绝不能归罪于他。这是一种什么性质的变化呢？我又该怎样反映这种变化呢？（蒋子龙：《蒋子龙选集》（三），百花文艺出版社，1983，第277~278页）

　　是不是可以说，蒋子龙之所以花大力气塑造类似乔厂长和解净这样的新型"管理"人才，恰恰是因为他视"管理"为解决他所遇到的"变化"的药方？

　　熟悉"社会主义现实主义""工业题材"的读者都知道，这一类型的文学对于"工人阶级"的塑造，主要是从两个方面展开的：一方面，他们必须是具有"工匠精神"的合格的"劳动力"，能够胜任现代化的工业大生产——因此我们看到了老孙头（草明《原动力》）、解年魁（罗丹《风雨的黎明》）等；但另一方面，他们又必须不仅仅是某种"机械"的"劳动力"，作为这个国家的"主人"，他们更必须是具有"社会主义觉悟"的"主人翁"——因此我们看到了李学文（草明《火车头》）、李少祥（草明《乘风破浪》）、秦德贵（艾芜《百炼成钢》）等。①

---

① 《上海的早晨》中的女工汤阿英，恰可成一反例——小说发表之后，有批评家对汤阿英形象表示了不满：

　　　　很明显，作者是把汤阿英当作重点的描写对象的。作者用了很大的篇幅，叙述了她的经历，她过去的悲惨命运。在汤阿英进入工厂不久，就爆发了那次要求资本家按期发钞票的罢工运动。工人们在地下党员的领导下实行"摆平"（关车）了，她汤阿英的车子却还在转动。别人责问她，她却想："自己跨进沪江纱厂是一件多么不容易的事呀？一摆平，歇生意，上哪儿干活呢？父亲每月要等着寄钱回去用哩。"她还是停不住自己那双接头的手，直到介绍她进厂的秦妈妈过来告诉她："别怕，歇生意有我们……"她才没有了顾虑，才跟着关车。解放初期，作品里所描写的那个时候，她的生活还是很苦的，住的是不避风雪的棚棚，吃饭连张桌子也没有。可是，她却成为那个隐蔽在工人中间的走狗企图拉拢的对象，因为她"是个老好人，不声不响的做工，不大活动"。在其他同志们的眼睛里，她也是个"三枪打不出一个闷屁"的落后分子。就在那次徐义德和梅佐贤在原棉里掺黄花衣的诡计里，由于断头多，生活难做，她汤阿英怀孕在身，在连续做了五天夜班之后，竟在车间里流了产，接着婴儿也就夭折了——这个在解放前受尽地主阶级的损害的人，到了解放后第三年，仍然遭受到资本家的损害。这样一个受苦人，等到"三反"运动已经开始，工厂的党团组织接受了上级的指示，展开群众工作，派了团小组长来约她去参加团日活动时，她的回答却是："呵呦，老了，团日活动是你们青年的事，我已经不够资格了"，竟推三推四地不肯去。作者一方面描写她在政治上的不开展，另一方面却又描写她在生产上积极的态度，生病没有好就上工。（王西彦：《读〈上海的早晨〉》，《文艺报》1959年第13期）

　　批评家的意思很清楚：现在的汤阿英，充其量只是一名勤勉的工人罢了，她离"社会主义新人"的境界，其实还非常遥远。其后，作者对汤阿英形象的修改，依据的也正是当年批评家们的意见。

正如有研究者总结的：

> ……所谓的"工匠精神"并不能涵盖这一历史过程的全部的复杂性，否则，我们很可能会将这一历史简单地描述成为一种国家对新的合格的现代劳动力的"规训"过程。也许，更重要的是，在这一历史过程中，真正需要完成的，是一种"非对象化"的努力，也就是说，如何使国家、工厂、生产等等外在于工人的"对象"成为内在于工人的一个有机的构成部分，因此，所谓的社会主义必然要被描述成为工人自己的事情，这样一种描述最为恰当的显然正是"主人"这一概念。在这一概念的控制中，"自觉"成为一种显然的自然形态，在此，生产很容易被政治化，或者说，以一种政治认同的方式完成国家的现代化诉求，这恰恰是社会主义提供的另一种现代性的想象方式。①

也就是说，"社会主义工业题材"的核心焦虑之一，就在于如何解决现代"管理"制度（比如"泰勒制"）对于工人的"异化"和"对象化"与有"社会主义觉悟"的"工人阶级"之间的矛盾；而李学文、李少祥、秦德贵等"新人"之所以会出现，就在于他们有效地架通了"管理者"与"工人阶级"之间的桥梁。一方面，他们作为有"社会主义觉悟"的"工人"，对身边的其他普通工人起着"召唤"和"示范"的作用；而另一方面，他们又以"工人"的身份参与"管理"，从而"打破"了"管理者"与"工人"之间的阶

---

① 蔡翔：《"技术革新"与工人阶级的主体性叙事》，王晓明、蔡翔主编《热风学术》（第二辑），上海人民出版社，2009，第144页。

层/身份界限。①

---

① 关于"泰勒制"、"官僚制"或"科层制"与现代社会和"工人阶级"的关
系，本书试述如下：

根据泰勒在《科学管理原理》（F. 泰勒：《科学管理原理》，上海科学
技术出版社，1982）中的表述，我们知道，泰勒所要解决的问题，是提高工
人的工作效率、杜绝"磨洋工"的现象。他认为，要解决这个问题，就需
要变常规管理体制为他之所谓"科学管理"体制。所谓"科学管理"，包含
四大基本原理：（1）发展一门真正的"管理科学"；（2）科学地挑选工人；
（3）按科学规律教育、训练和培养工人；（4）管理人员和工人之间的亲密
友善的合作。而在大多数情况下，原理（1）是最重要的一条。

但是由谁来发展所谓的"管理科学"呢？泰勒认为，此事需由受过专
业教育的知识人来做，工人即使技术纯熟，也未必能认识到其所做工作中
的"科学规律"。"一般来说……几乎在所有机械行业中，每个工人和每
项工艺基础的科学知识都是非常丰富的，但是，由于他们缺乏教育或者智
力不够，因此，即使在实际操作中最能胜任的工人，如果没有同事和上级
的指导和帮助，是没有能力去完全理解这些科学知识的。为了使工作能按
照科学规律进行，极有必要在工人和管理人员之间比任何常规管理体制下
更为平等分担责任。对那些发展公益科学负有专责的管理人员，应该指导
和帮助工人按照科学规则工作，并且应比一般的管理人员承担更大的责
任。"（第 15 页）

而所谓"科学管理"，就是由管理人员对某项工作的流程进行分解研究，
从中提炼出一套效率最高、最为"科学"的动作链。它还包括对时间的规划，
依照效率原则来规定工人何时工作、何时休息等。但是，这样一来，工人岂
不是就变成了"机器人"了吗？面对这一质疑，泰勒的回答是："科学管理"
制度之下的工人所受的训练，与现代的外科医生所受的训练，并没有本质上
的不同。我们不能说，较之前辈，现代外科医生更像机器人；同理，我们也
不能说"科学管理"制度之下的工人像个机器人。而更重要的是，"借助于总
是在发展中的科学的帮助，通过教师的指示，具有一定智能的工人就能够比
他以前做出更高级、更使他有兴趣、更为有发展和更有利可图的工作。在许
多场合下，一些在过去所做的工作只限于铲运从一处到另一处的垃圾，或者
从事车间之间的工件搬运等的工人，通过训练后可改行从事较基本的机械技
工工作了，而且工作环境愉快，工作满意，工资又高。一些以前也许只能操
纵钻床的较廉价的劳力或辅助力工，现在通过教导可操纵复杂和高价值的机
床和刨床，而一些技术高超、知识较多的机械技工则能晋升为职能工长和教
师，由此而导致层层上升，依此类推"。（第 86 页）

在泰勒的逻辑里，"科学管理"所带来的一切，都对工人有好（转下页注）

(接上页注①)处。只可惜工人"智力低下"、"鼠目寸光",看不到这些好处,所以不得不依靠强制手段来使工人"好"起来。在他看来,英国工人失业率高,原因不在别的,就是因为英国工人阶级有计划地限制了产量。在生铁搬运行当试验"科学管理"体制时,管理者决定只给工人增加百分之六十的工资,因为据说工资一多,工人们就会挥霍浪费、得过且过,所以将工资增幅限定在百分之六十,乃是符合工人的真正利益和最大利益的。而且即使将工人们训练成"机器人",那也不过是督促他们"学好"而已。

从泰勒的所谓"科学管理原理"中,我们能清楚地看出两点:第一,工人即使技艺纯熟,也不具备参与制定"管理科学"的能力和资格,因此,他们只能处于被"指导"和"训练"的地位;第二,工人又是冥顽不灵的,他们不能理解现代工业所带给他们的"好处",因此,需要资本家、管理者通过强制手段来强迫他们"幸福"、"上进"。

而在韦伯看来,以"泰勒制"为代表的"科层制",其实正是任何社会都无法回避的"铁笼",即使社会主义社会,也依然需要借助于它来完成现代化生产,因此,它便构成了对于社会主义革命的最大威胁。"韦伯的官僚制理论提供了对于社会主义的强有力的批判的基础。如果官僚制行政管理结构的演进是不可逆转的,那么社会主义者所期望的没有统治(Herrschaft)的未来,即没有少数人统治大多数人的统治的未来,只是一种幻想。马克思主义者(Marxist)关于推翻资本主义将开辟一个无阶级社会的信念,是基于一种错误的观念之上的,即生产资料的私有制为少数人统治的结构提供了独一无二的基础。这是一个历史性的错误,同时也忽视了发达工业社会不可或缺的技术知识和组织权力对当代的阶级形成所具有的特有潜力。韦伯认为,工人在工作场所所从属的层级制,是复杂技术程序的组织活动所需要的,因此,即便是私有财产被废除之后,层级制还将继续存在。行政管理结构及其职员的扩大快于无产阶级的扩大,是工业企业不断增长的规模和复杂性的函数,而这与所有权问题无关。"(戴维·毕瑟姆:《官僚制》,吉林人民出版社,2005,第60页)而"通过官僚化的过程,工人阶级为确保自身的解放而创建的各种制度转变为使其从属地位永恒化的机构"。韦伯因此认为,"由于官僚制对于巩固领导者所掌握的权力是必不可少的,因此,现代的一切革命,即便是那些最热衷于反对官僚制的革命,也只有在巩固和扩大现有的官僚制之后才能获得成功。政治需要加上以集权化来推进社会主义目标的做法,只能是从革命的社会主义中产生出新的独裁。"

这里有必要再提一下马克思主义关于社会主义行政管理形态的讨论:马克思主义关于社会主义行政管理形态的讨论,倾向于沿着两个方向之一而展开,而这两个方向都可以追溯到马克思本人。第一个方向 (转下页注)

　　而现在，真正"代表了新旧交替时期现代大工业的两、三代人的完整的形象"的，却变成了那些身居"管理"岗位的"开拓者"们，这自然有其时代原因：一方面，新的时代对政治工作提出了新的要求——它

　　（接上页注①）是，将生产者的民主看做是与任何社会层级制或专业分工不相容的，后者将不同的角色永久性分配给个人，而使个人终生固守这一角色。有人认为，这种专业化的分工将产生一个凌驾于人民之上的精英集团。无论如何，它与超越体力劳动与脑力劳动分工的全面发展的人（all‑round individual）这一理想是抵牾的。社会主义的行政管理，应当要么作为公民责任〔每个人都是他自己的官僚（everyone their own bureaucrat）〕的一部分而为大家所共享，要么就是轮流执政〔（还政于民（back to the masses）〕。

　　第二种趋向认为，彻底消除劳动分工与先进社会化生产的本性是不相容的，并且会削弱没有阶级对抗的社会和积极参与的民主制所必需的生产力水平。一个由工人委员会制定政策的社会所有制企业，其代表来自广泛的团体，需要一个专家班子提供政策咨询，以及一个训练有素的行政管理人员结构来协调政策实施。那么这种结构与韦伯的官僚制有何区别呢？有些特征——如明确界定的权限、照章办事等——当然是一样的。但是一个由那些服从于权威，并分享决策权的人组成的行政管理体制，与由那些不具有这种作用的人所组成的行政管理体制是大为不同的。在这种结构中，工作纪律不再是外在强加的要求；信息或信息垄断变得毫无意义；由于下属或者直接，或者通过当选的代表，同样享有管理企业的权力，因而很难形成永久性的地位差异。

　　如果马克思和恩格斯的早期著作倾向于第一种立场，那么他们的晚期著作则倾向于第二种立场。这部分是因为他们对现代企业的专业技术和行政管理要求作出了更为实际的评价的结果，部分是因为两种意义上的分工概念，即技术分工和社会分工之间所导致的急剧分化的结果。技术分工包含在任何财产制度下工业化生产所固有的那些专业功能。社会分工包含那些资本主义阶段社会所特有的各种职能。试图从根本上消灭一切分工的各种"药方"都忽略了这种区别。然而，在马克思后期的思想中，也蕴涵这样一种观点，即如果没有活跃的民主，技术分工可能成为一种新的社会分工的基础。因此，在有关巴黎公社的论述中，马克思坚持认为模范的公社行政管理官员，应当领取与工人一样的工资，并严格履行对人民代表的义务。同时，任何有效的民主都预示着一个远远超越特定工作角色需要的普遍的教育体制。这种教育体制本身将消除体力劳动与脑力劳动分工所带来的广泛的社会后果。实际上，对于与工业化生产不可分离的专业化和行政管理层级制，马克思的解决办法不是消除技术分工，而是通过能够防止技术分工固定化（consolidate）为一种新的社会阶级分工的民主制度来超越这些分工。（戴维·毕瑟姆：《官僚制》，吉林人民出版社，2005，第88～90页）

应该不只是局限于"讲精神",它也应该顺应时代潮流、"进入经济领域"①;另一方面,则是工厂车间里普遍的"非政治化"氛围的要求②。而

---

① 早在 1979 年,《中国青年》就曾发表社论,呼吁"共青团要进入经济领域",社论指出:"共青团是干什么的?多少年来人们都这样回答:是讲精神的,是教育青年的。这当然不错。但是,这个答案完整吗?还需不需要有所补充和发展?成都量具刃具厂一场有关共青团职能的大讨论,给人们提供了新的启示:共青团要讲精神,也要讲物质;要教育青年出力,也要为青年谋利益。"文章继而解释说:"怎样才算进入经济领域呢?从成都量具刃具厂团的工作经验来看,大体上有这样三个标志。第一,要找到一种具体的活动形式,使青年参加之后,既能为国家、集体创造财富,又能使青年自身得到实际的经济利益。第二,提高青年的思想觉悟,不仅仅依靠口头上、文字上的政治工作,还要凭借一定的经济活动和物质基础,影响、吸引、教育青年。第三,要使团的干部在团的工作岗位上,有机会实践经济工作或者各种业务工作,使他们有条件成为经济建设需要的各种专门人才。"而面对可能遇到的非难,社论也作了详细的辨析:"有的同志会说,共青团是政治组织,主要是做思想政治工作的,进入经济领域,去直接抓生产,方向对吗?不错,共青团是政治组织,是搞思想政治工作的。但是,首先要弄清楚,在新时期什么是政治。如同战争时期战争是最大的政治一样,四个现代化就是当前最大的政治,是压倒一切的政治……共青团进入经济领域,正是共青团在新时期坚持正确的政治方向的具体体现。相反,如果共青团不'登堂入室',进入经济领域,还是停留在一旁进行空洞说教,鼓虚劲,不作实际贡献,那才真正是脱离了当前最大的政治,偏离了正确的方向。"(《共青团要进入经济领域》,《中国青年》1979 年第 12 期)

② 根据华尔德的观察,工厂中权力的"非政治化",正是新时期的特点:

　　的确,与过去那些年相比,工厂中的权力被非政治化了……工厂中权力非政治化具有三个方面的内容,其中第一方面……那就是奖金和提级不再以政治表现为依据,同时在班组中这类标准不再用作直接发动工人的手段。非政治化的第二个方面,是官方政策不再在政治上歧视那些所谓在政治上先天不足的人。当开始批判毛泽东时代对"阶级斗争"的强调,所以那些"地富反右坏、资本家、国民党"的子弟或亲戚从官方政策的角度不再受歧视。第三个方面是对"表现"本身的重新定义。这不像前两方面那样明显。虽然"表现"的定义同样被非政治化了,但仅仅是在特定的、有限的意义上。

　　也许更恰当的说法应该是,"表现"标准更多的是被非意识形态化而不是非政治化。毛泽东式的对信仰和意识形态投入的重视日渐减弱,同时党也不再试图用政治信念来发动工人。如今,当人们说到"表现"的时候,主要指的不再是对抽象的政治原则的信奉,而是对工厂中党政领导的具体实（转下页注）

此一时期由"抓革命"向"促生产"的转变，却也正使得解净们由"政治"而"管理"的选择恰逢其时①。与解净们的成为主角相对，刘

(接上页注②)的的忠诚。而这种忠诚的关键在于工作成绩（当然也不仅仅在于此）。过去，人们假定，如果一个人的政治思想正确，那么他的工作自然就会好；所以，毛泽东的方式才会将重点放在政治思想教育和奖励政治上。共产党现在认为，如果某个人的工作成绩优秀，这本身就表明了他的政治思想好。（华尔德：《共产党社会的新传统主义——中国工业中的工作环境和权力结构》，牛津大学出版社，1996年，第257～258页）

① 根据1983年出版的一本《领导科学基础》（根据该书封底的介绍，"本书是我国第一本领导科学的专门论著"）的说法，"我国正在从事工业现代化、农业现代化、国防现代化和科学技术现代化的伟大事业。党的十二大规划了到20世纪末工农业总产值翻两番的宏图。正确路线确定之后，干部就是决定的因素。全面开创社会主义现代化建设的新局面，要靠党的各级领导干部带领着十亿大军去进行各项改革事业。同时也对各级领导干部提出了更高的要求。可以说，能不能及早地造就出一大批革命化、年轻化、知识化和专业化的干部，是我国四化大业成败的关键"。

该书在领导干部的"根本工作"和"经常工作"之间作了区分，将"目标规划"、"制定规范"和"选用人才"视为干部的"根本工作"，而将"决断"、"联系群众"和"学习"列入干部的"经常工作"，并且指出，做好"根本工作"，乃是领导干部职责的根本。根据该书的看法，领导干部在"经常工作"中也需要联系群众，它还指出了联系群众的几大重要作用——"防止官僚主义"、"了解群众的要求"、"从群众中汲取智慧和营养来改进领导"、"改善领导者在群众心目中的形象"。有意思的是，在具体论述这其中的第二和第三点时，该书所举的例子，都是外国的公司如何从"用户"处获得反馈、进而改善经营、管理的。因此，这里所说的"群众"，其实完全可以用"客户"一词加以取代；进而这里的所谓"联系群众"，其实是建立在市场交换原则和"买—卖"关系之上的"联系顾客"。如果说"联系群众"原本是一个充满了"革命中国"内涵的"政治"概念，那么在该书的论述中，它已经变成了一个"现代"的"经济"概念。而在谈到"思想工作"时，该书认为，"思想工作还要结合业务工作进行，结合日常管理活动进行，结合物质鼓励进行。"该书进而论述说："人们所日常从事的工作是业务工作，在业务工作中会产生这样那样的思想活动和问题；如果我们的思想工作不能深入到业务工作中去，解决这些实际思想问题，那就没有生命力。同时，当前无论哪一项业务工作，都是社会主义革命和建设的一个组成部分；我们的思想工作只有对搞好业务工作有帮助，才算是落到实处。"（夏禹龙、刘吉、冯之浚、张念椿：《领导科学基础》，广西人民出版社，1983，"前言"第1页、第107～147页、第135～138页、第179页）

思佳的位置也发生了相应的"位移"。如果按照上述"社会主义现实主义""工业题材"的写作模式，像刘思佳这样的人，正是应该"成长"为"社会主义新人"的"工人阶级"代表。可是现在，一方面，解净们已经取代了"工人阶级"的"中心"位置，成为"新旧交替时期现代大工业的两、三代人的完整的形象"的"代表"；另一方面，刘思佳则处于被解净"引导"的位置。一方面，刘思佳对于解净的"管理"知识心服口服，因而最终完成了对于解净的"皈依"；另一方面，在此"皈依"过程中，我们又碰到了一个不大不小的问题：根据小说的描写，在解净与刘思佳之间，似乎一度萌动着某种类似"爱情"的东西，可是最终，两人却并未结合在一起——倘若两人结合，共同领导工人、治理工厂，岂不是十分完美？可作品却未作如此处理，道理何在？

说来有趣，在比《赤橙黄绿青蓝紫》早一年发表的蒋子龙名作《开拓者》[①] 中，我们似乎能够发现一些线索。

《开拓者》其实是一篇结构相当松散的小说，小说中除了有著名的"开拓者"车篷宽——实际上，直到今天，人们在谈论这篇小说时，也仅仅注目于他，似乎他就是小说的全部，还有其他几位同样也值得关注的人物。在小说开篇即出现在我们面前的工人"头儿"金城——无论是他在工人"哥们儿"中享有的威望，还是他在面对"干部"时的尖酸刻薄，或是他对"管理"的兴趣，似乎都与刘思佳相去不远。再看另一位主角，团委书记凤兆丽——一方面，她在苦苦思索改善思想政治工作的办法；另一方面，她又是一个舞技出色的"现代派"，似乎可以说，她就是一个1980年的解净。另外一位主角，便是行事低调的车篷宽之子、团委委员王廷律。

---

① 蒋子龙：《开拓者》，《十月》1980年第6期。

　　小说中的描写重点之一，便是金城—凤兆丽—王廷律之间的三角关系。根据小说的交代，金城满心爱慕凤兆丽，凤兆丽却不知何故对金城并无意；王廷律与凤兆丽并无深交，最终两人却突然互相表白并当即订婚。《开拓者》这篇小说的细部描写，其实相当粗糙，其反映之一，就是人物关系的"突兀"和"牵强"，对金城—凤兆丽—王廷律之间三角关系的描写更是缺乏逻辑基础。然而，作者的兴趣恰恰在于，尽管"突兀"和"牵强"，作品却为何还要如此"强行"安排人物关系呢？互文参读《开》与《赤》，这里的爱情关系，便可进一步被解释为，在新的工厂/工人秩序格局中，似金城、刘思佳这样的工人"头儿"，已经不再具备足够的"人格"/"政治"吸引力来吸引似凤兆丽、解净这样的新型管理干部了。正如小说中所写的，一旦为金城们一直盼望的"现代企业管理制度"真正落实，他们所感到的，唯有不适，而且他们的表现，也只有用狼狈来形容——陷入如此"落后"的境地之中，金城们又岂能指望得到凤兆丽们的垂青？

　　而张洁的想法，则要更为乐观——在其重要作品《沉重的翅膀》①里，张洁似乎是想在新型的"管理"技术与工人阶级的"主体性"之间建立勾连。于是我们看到，支持改革的实权派，无论是厂长还是工业部副部长，都让人有"心有余而力不足"之感——与强大的反对派比起来，他们似乎总是处于"身体"的弱势地位（厂长陈咏明劳累不堪、积劳成疾；副部长郑子云在小说的结尾心脏病突发）②。小说中唯一既

---

　　①　张洁：《沉重的翅膀》，《十月》1981年第4、5期。
　　②　有意思的是，这样的人物"强/弱"关系安排，在张洁之后的重要作品《方舟》中再度出现，并引起评论家的关注："但问题在于，小说中的三个不同身世的女主人公，尽管她们比大多数的中国妇女有更大的才华，更优越的社会地位，可是遭遇却是这么的不同，这样的凄惨而得不到解脱。在她们面前，那些卑鄙无耻、贪婪凶恶的人都是经理、主任一类的实权派，而（转下页注）

作为正面人物出现，又给人朝气蓬勃之感的，便是曙光汽车厂某车间车工组长杨小东和他的伙伴们——小说有一段写到他们元旦聚餐的情景：

> 杨小东平时从不说这些"官话"。可不知怎么回事，今天这顿饭让人生出许多美好的念头，虽然这些念头和酒，和香酥鸡，和油烹大虾……简直是搭不上茬儿的，可是他们人人都觉得自己和往常到底有点不一样了。变得愿意相信点什么，愿意说点他们平时说起来，听起来，都有点害臊的、动感情的话。

据小说介绍，他们之所以团结肯干，是因为他们之间的"哥们义气"。而小说同时又认为解决社会主义工业停滞不前的危机的办法，便是所谓"管理的行为科学"，因此小说将杨小东们的成功，视为"管理的行为科学"的成功实践——之所以说它"成功"，就是因为他们现在"变得愿意相信点什么"，也许就在不久以前，他们还是像刘思佳一样，是对"政治"满腹牢骚的玩世不恭者！而在鲍曼看来，这样的说法并非没有依据。事实上，所谓"管理的行为科学"（也即"梅奥制"）所

(接上页注②)那些政治善良的人却是那样软弱无力。善良的老董科长只有软弱受欺，有正义感的朱祯祥只不过是连办公室主任也管不了的'局长'，而安泰这个能坚持原则的党支部书记，却过早地'显出老年人的迟缓的混浊的眼睛，那眼睛里总有一种悲哀'，他的血压也'经常处在高得不宜进行工作的状态'，幸好还有一个能体谅母亲心肠的儿子——蒙蒙。可是当母亲——柳泉'只有在蒙蒙面前才可以显示出自己的尊严'的时候，当父母过早地把'关于权力不平等的观念'传给他们的时候，谁又能保证以后他们不会以其人之道还治其人之身呢？"（叶萍：《方舟在哪里？——中篇小说〈方舟〉读后》，《文汇报》1982年4月27日）如果将这段评论里的男性人名换成《沉重的翅膀》中的男性人名，似乎一样具有说服力。

诉诸的，恰恰是对于某种"共同体"的重新想象。①

---

① 在鲍曼看来："在现代资本主义的整个历史中，尽管它们的相对力量和声望优势自始至终会不断发生变化，但有两种趋势伴随着现代资本主义。一种趋势已经表现出来即用人为设计的、强加的监控规则，来取代共同体过时的'自然而然的理解'、取代由自然来调整的农业节奏和由传统来调整的手工业生活的规则，这是一种坚持不懈的努力。第二种趋势是，（这次是）在新的权利结构框架内，恢复或从零开始创造一种'共同体的感觉'"。"20 世纪初，第一种趋势在组装线和泰勒的'时间与运动研究'及'工作的科学组织'中达到了高潮，这些东西的目标，是要使生产者的生产表现与他们的动机、情感分离开来。生产者将暴露在机器的非人格的节律当中，这种节律将设定运动的步伐，并决定每一个动作；没有为个人的决定和选择（也没有必要）留下任何空间，创造、奉献和合作的作用，甚至是机器操作者'临场技巧'（让机器更好地运作）的作用，都将被降低到最低程度。生产过程的流水线作业和惯例化、工人/机器关系的非人格化、除既定的生产任务外的所有方面积极作用的消除，以及其所导致的工人行动的一致性，都共同融合为恰恰是铭刻在前工业劳动者心中的共同体环境的反面。厂房将成为科层制度的机器运作的对应物，根据马克斯·韦伯设计的理想类型，这一科层制的目标是建立一种社会联系和社会承诺的总体无涉性（irrelevancy），这些社会联系和社会承诺已经进入了工厂大楼和办公时间的考虑范围，但只能在办公楼和办公时间之外才可接受和考虑。工作的结果，不应该受到和工作本能一样不可靠和飘忽不定的因素的影响（工作本能追求的是荣誉、价值和尊严，而且首要的是，它对无效用持有极度的反感）。"（齐格蒙特·鲍曼：《共同体》，凤凰出版传媒集团、江苏人民出版社，2007，第 39～40 页）

而第二种趋势则与著名的"霍桑实验"有关：

20 世纪 30 年代，艾尔顿·梅约（Elton Mayo）在霍桑企业（Hawthorne Enterprises）进行了试验之后，在工业社会学中建立了"人际关系学派"（human relations school）。梅约发现，任何工作环境的物质因素，甚至是在泰勒的策略中最为明显的物质刺激，都没有精神因素对生产效率的提高和冲突的消除所产生的影响大：工作场所友好的、"家庭般的"氛围，管理者与工头对工人精神状态变化的关注给予雇员的关心以及对雇员对总的生产效率贡献的意义的关注，都是可以用来解释这一结果的精神因素。有人可能会因此认为，已被遗忘和忽视的共同体对有意义的行动的重要性，以及工作本能对良好的工作表现的重要性，被当作在改善成本效益关系的持续努力中的、迄今为止尚未开发的资源而被重新发现。

确保梅约计划几乎一夜之间突然成功的东西，是他的这一建议：只要雇主能够成功地在雇员中激起"我们所有的人都在同一条船上"的 （转下页注）

然而这一建立在"管理的行为科学"之上的"共同体",与"社会主义现实主义""工业题材"的那个核心焦虑之间,似乎存在着本质的差别——几年之后,德国记者在采访张洁的时候,点评《沉重的翅膀》说:"小说里的正面人物是围绕在生产小组长杨小东周围的那群人。他们干的活比他们该干的多,他们热爱生活中的美好事物,他们相互之间团结友爱,但他们不过问政治。"① 记者接着追问张洁说:"杨小东的生产班组出色地完成了一项又一项工作任务,这是因为他们有一位以人情味儿对待他们的头儿。请问,对于中国工人来说,长此以往这一点就够了吗?"②

德国记者的问题可谓一针见血——的确,正如拉德布鲁赫所认为的那样,"同志关系"和"友情关系"所代表的,毕竟是不同的东西:

(接上页注①)感觉,能成功地促进他们对公司的忠诚,并使他们个人表现对共同努力的意义,总而言之,如果雇主尊重工人对尊严、价值和荣誉的追求,尊重他们天生固有的对无效用和无意义的惯例的怨恨,那么奖金和薪水的增长,就和吹毛求疵的(也是代价高昂的)、分秒不停的监视一样,终究都不是非常重要的。在提高工作效率和防止周期性的工业冲突的威胁上,工作的满足和友好的氛围可能比严厉的规则实施和无所不在的监视更有效果……(齐格蒙特·鲍曼:《共同体》,凤凰出版传媒集团、江苏人民出版社,2007,第41~43页)

① 张洁:《让文学和时代同步腾飞——就〈沉重的翅膀〉答联邦德国〈明镜〉周刊记者问》,《文学报》1986年2月13日。

② 张洁:《让文学和时代同步腾飞——就〈沉重的翅膀〉答联邦德国〈明镜〉周刊记者问》,《文学报》1986年2月13日。对此,张洁的回答是:"在小说里,我把郑副部长和陈厂长作为典型人物加以描写。他们热爱他们最接近的同事,热爱他们的下属和工人,很为他们操心。我在自己以往的生活中常与这种人打交道,所以在写他们时,我倾注了较多的感情。我认为在任何国家里好人总比坏人多,否则的话,一个国家、一个民族就完蛋了。"正如我们在前面已经提及的,张洁笔下的正面人物总是处于尴尬的"弱势",因此,张洁的解释似乎并不具有太大的说服力。

……形成同志关系的最突出表现是具有共同的对立关系，但是当同志关系仅仅是基于对一个群体或针对另一个群体的对立关系的归属，而不是基于一种共同的、超个人利益的基础，那么我们则可能是不无挑剔地说这是同志情态（Kameraderie）。真正的同志关系存在于这样一些人当中，他们通过一个共同的事实、一个共同的工作、一个共同的成就联系在一起——只是在"共同体"当中。同志关系的最高形式是"同道"（Genosse）。然而，同志关系还不是友情关系，因此要比较细心地将其与友情关系区分开来，因为同志关系常常不知不觉地过渡到友情关系。同志关系是一个圆圈，它从外面围绕着我们；友情关系是一个圆规，它以自己为圆心，并给每一个在自己周围的人都打下了自身爱好的烙印。在同志关系中，人们是因为一个共同的事业顺路同行，而在友情关系中，人们有情感的直接接触。友情就是朋友之间的共同个性，它将人与人以其全部身心联系在一起；同志关系则仅在人们处在那种共同的职责当中时才将人们联系在一起，也就说，只是双方个性的有限部分才相互发生关系。友情关系可能是单方面的……同志关系是"相互对待的帮助"；友情关系是一种爱的共同体，一种相互的属于；同志关系是一种工作共同体，一种相互提示存在的状态。友情关系是一种人们不能要求的感觉，同志关系是一种人们可以要求的行为。以某种非人身的或仅仅是部分的联系为代价，同志关系获得了这样一种能力，即将成千上万的人置于其圆圈之中，而友情关系则只是一种想使人们在自己身边聚集的联系密切的个人范围。①

---

① 古斯塔夫·拉德布鲁赫：《社会主义文化论》，法律出版社，2006，第11~12页。

这里的意思是，与"同志关系"的"自我敞开"和"交往性"不同，"友情关系"毕竟还是"自我中心"和"单向度"的；"同志关系"指向的，是"公"的领域，而"友情关系"则与"私"领域有着密切的关联——因此，对于需要形成"阶级意识"的"工人阶级"来说，仅仅只具有"友情关系"而不具备"同志关系"，似乎的确是不够的。

问题的另一面是，在"代表了新旧交替时期现代大工业的两三代人的完整的形象"的"开拓者"们之外，我们在其他并不多为时人注意的文本中看到的"工人"，要么是在文本中隐匿不见的"被管理"的对象（陈冲《厂长今年二十六》、《小厂来了个大学生》），要么是与"管理者"们的世界毫不相干的"粗俗"的劳动者世界（陈国凯《工厂姑娘》、邓刚《在荒野上》）。"社会主义现实主义""工业题材"的那个核心焦虑几乎不再出现，即便偶有出现，它也迅速被"管理"的"科学性"所驳倒。[1] 人们依然能够描绘出在相貌上如以前的那些"新人"一般英俊的工人，但这样的工人却要么陷入单枪匹马、缺乏帮助的困境之中，要么不再具有"成长"为"新人"的动力与热情。[2]

---

[1] 在陈冲的《厂长今年二十六》（《当代》1982 年第 6 期）中，厂长许英杰的女友对他的"管理"持有异议，认为对工人"不民主"。但小说明显并不认为这是个问题，作者写道："报表用无可辩驳的语言讲出真情：原挺进厂的工人们正赶上来，超额的人数和超额的数量都在增加。他们正在获得真正的尊严，显示真正的价值……"最后，小说借许英杰之口评价说："她只是一时弄错了。"许英杰十分肯定地说："她接触了一些当代青年，听了他们一些话。这些话，猛一听很新颖，也有一点好东西，更多的却是空谈。不着边际的自由民主啊，莫名其妙的个性解放啊，再就是一些时髦名词：人的本来价值、自我异化等。"

[2] 海碰子（邓刚）的小说《刘关张》（《春风》1982 年第 4 期）中，一心为公、不图名利的施工队长张柏战，却因为无法给工人带来实际利益而落得众叛亲离。陈国凯的小说《平常的一天》（《收获》1983 年第 1 期）中的 （转下页注）

在谈到《沉重的翅膀》时，张洁说过这样一段感情激越的话："我的思想老是处在一种期待的激动之中。我热切地巴望着我们这个民族振兴起来，我热切地巴望着共产主义在全世界的胜利，让人类生活在一个理想的社会之中……当然，要实现这一理想，也绝非易事。但我以为解决的办法也很明确，那就是坚持马克思主义，发展马克思主义——党的三中全会和六中全会都在这方面做出了卓越的贡献……随着物质文明的重大突进，必将使我们民族的精神文明焕然一新，人们将会在党的领导下，高举马克思列宁主义、毛泽东思想的旗帜，沿着建设现代化的，高度民主、高度文明的社会主义强国的道路向前迅猛地飞跑。"①

问题是，"不谈政治"的杨小东们，和那些或隐匿或无力的"工人"们，真的有能力和契机进入张洁所"热切地巴望"的那个境界吗？

再一次，蒋子龙站在了时代的前列。他率先意识到了其中的问题——根据他自己的说法，早在1982年，他便遇到了"工业题材"方面的创作危机："1982年底写完短篇小说《拜年》，后来有好几年便没有再写以工厂生活为背景的小说。我是在自己的工业小说的创作高峰时突然消失的。登上了文坛，一定还要懂得什么时候离开文坛，当时我感到自己成了自己无法逾越的疆界，我的工业题材走投无路。它不应该是

（接上页注②）红光化工厂热心技术革新的省、市劳动模范王高山，相貌不凡："卧蚕眉，流星眼，国字脸。他穿一身得体的涤棉工作服，脚踏一双厚底的皮面工作鞋，好看的嘴唇弯成有棱有角的线条，从外表上可以看出这是一个感情内向的思索型青年。"但他奔忙一天，找遍了各位领导，却无法求得领导对于一项技术革新的支持，最后他才知他的努力远不如走后门来得便当。邓刚的小说《当我拉紧闸杆》（《长城》1984年第3期）中某工厂工种最差的运渣工"我"同样相貌不凡："我有高高的个子，匀称的身体，我的头发和眉毛也很黑。从镜子里看出，我的眉宇之间，还透出一股男子汉的英俊。可以说，除了工种不好，我剩下的全是优点。"但小说以他继续这工种最差、备受轻视的工作收尾，并不见他有"成长"为"新人"的契机。

① 张洁：《我为什么写〈沉重的翅膀〉》，《读书》1982年第3期。

这个样子，它束缚了我，我也糟蹋了自己心爱的题材。工业题材最容易吞食自我，我受到我所表现的生活、我所创造的人物的压迫。"① 那么，究竟是什么东西"束缚"和"压迫"了蒋子龙呢？他接着解释说：

> 工业当然也是人类文化的产物，它包容着人的内涵。但人的形式肯定要被技术改变。10多年前，雅克·艾吕尔的书给我造成的刺激至今还有印象——由现代科学技术武装并推动的工业，是一股强大的集权主义力量，它对人类生活进行脱胎换骨的改造，巧妙地侵入到生活的各个领域之中，形成一个不可抗拒的陌生的宇宙。它把自己的法则强加给世界并消灭一切反抗。自我长存，成指数增长，方向无法扭转，人的干预算不了什么，倒是人的选择必须要受到它的限制。它漠视文化和意识的差异，控制了经济的发展和社会的进步。人仍然是统治者，同时也受到技术的统治。贫穷、污染、战争、社会混乱，构成对人类的真正的打击力量，会使人逐渐地丧失原有特性。怎样找到工业带来的现代物质文明，到底是工业的胜利，还是人的胜利？这些问题困扰着我不知该创作怎样的"工业人物"。②

对于艾吕尔的论点，我们并不会感到陌生——所谓人为机器所奴役，与马克思的"异化"理论似乎相去不远。而笔者愿意再次强调，毛泽东时代的"工业题材"创作，其核心焦虑之一，恰在于对这一"异化"前景的克服——尽管这一努力最终失败了。如今，这一未被克

---

① 蒋子龙：《我是蒋子龙》，团结出版社，1996，第178页。
② 蒋子龙：《我是蒋子龙》，团结出版社，1996，第178页。蒋子龙此处所谓雅克·艾吕尔的书，当是指其名著《技术社会》。

服的梦魇，似乎又再度开始纠缠蒋子龙的心灵，当他创造出乔厂长和刘思佳这样的形象的时候，他所企望的，又哪里是这样黯淡的远景呢？

现在可以总结一下本章的观点了：历史进入新的时期，"政治挂帅"（到后来是"以阶级斗争为纲"）被"以经济建设为中心"所取代。在强调"又红又专"的年代，理想的"社会主义新人"就应该像李少祥、秦德贵那样，一手"抓革命"、一手"促生产"，既是现代工业合格的"劳动者"，又是具有社会主义"觉悟"和"阶级感情"的国家"主人翁"。但现在，"发展经济就是最大的政治"，这也就决定了，此一时期的"社会主义新人"，应该是懂得"管理技术"的"干部"和"认可这管理者的优秀工人"（其实就是工头）这二者的结合。然而，正如本书的分析所表明的，这样的努力却并不成功，原因主要在于，这个二者结合以凸显新人的模式，虽然出自极具中国特色的克服社会主义危机的企图，因此本身是有政治和伦理价值的，但却很容易滑入非社会主义的"管理"（即所谓中性化、非政治化、效率第一）的轨道。由此造成的结果，即劳动者的积极性的非精神化，以及由此造成的劳动者的重新被剥削化，这也就破坏了刘思佳和解净二者共同构成新人的模式。

正如蒋子龙所迅速意识到的那样，当解净和刘思佳们抛弃旧有的政治动员理念、转而拥抱"管理"及其所代表的"现代化"时，他们的前途似乎并不那么光明——那困扰着前人的"异化"幽灵，正有大规模重返的趋势，他从"工业题材"的热闹中急流勇退，所彰显的，也正是其中的困境。

| 第三章 |

"无根"的英雄

熟悉所谓"革命军事题材"作品的读者一定知道，这一类型的小说，首先一定会"讲政治"，即突出"革命政治"对军队的"动员"作用；其次，它也一定会塑造出"正面人物"，将"革命政治"的"大道理"转化成鼓舞人心的"形象化"表达。现在，时间来到了"新时期"，"革命政治"似乎正面临"合法性危机"，那么"军旅文学"又当如何应对呢？

第一节 最后的"指导员"

让我们从发表之后即引起巨大轰动的小说《高山下的花环》[①] 开始

---

① 李存葆：《高山下的花环》，《十月》1982 年第 6 期。小说发表之后，一时引起极大轰动，兹引用当年负责编发该小说的编辑张守仁的一段回忆，以为说明：

新时期以来，我在《十月》上编发过多部获奖作品，如黄宗英的《大雁情》、蒋子龙的《开拓者》、王蒙的《相见时难》、宗璞的《三生石》、张一弓的《张铁匠的罗曼史》、权延赤的《走下神坛的毛泽东》等，但没有哪部作品，像《高山下的花环》那样产生全国性的轰动，掀起了一场空前的阅读高潮。当时新华社发了消息，解放军总政治部号召全军学习，教育部、（转下页注）

我们的讨论。需要说明的是，我们的讨论会引入所谓"革命历史小说"①

(接上页注①)团中央发出联合通知建议中学生在寒假阅读这部优秀作品。李存葆所在的济南部队政治部做出五项决定：一、迅速把作品印成单行本下发至班；二、前卫话剧团立即组织创作组将小说改编成话剧，前卫歌舞团将它改编成歌剧；三、作者把它改编成电影文学剧本，争取早日搬上银幕；四、济南部队文化部和山东电视台合作，把它改编成电视连续剧；五、要求部队广大文艺工作者，学习《高山下的花环》的创作经验，提高军事题材文学作品的质量。当时全国有 74 家报刊连载，60 多家剧团把它改编成话剧、歌剧、舞剧、京剧、评剧、曲剧……国内有 8 家出版社出版了这部小说的单行本，累计印数达 1100 多万册，后来还被译成英、法、俄、日、匈、捷、越等十多种文字。

当时有包括北京电影制片厂、八一电影制片厂、长春电影制片厂、上海电影制片厂、青年电影制片厂、珠江电影制片厂、峨眉电影制片厂等近十家制片厂争着要拍这部电影。读者来信更是像雪片一样飞向编辑部。一时街谈巷议，盛况空前。这是我在组稿、编稿、改稿时没有料想到的。（张守仁：《我和〈高山下的花环〉》，《美文》2005 年第 05 期）

但是实际上，根据他在同一篇文章中的回忆，早在公开发表之前，这部小说便已经开始在社会上流行了："此稿发往新华印刷厂不到十天，就有北影一位姓张的导演找到我家里，提出来北影要把《花环》改编成电影。我感到纳闷，那期刊物要到十一月初才出版，我作为责任编辑，还未拿到初校，那位导演是怎么知道作品内容的呢？后来经过调查，才知道新华印刷厂的工人们排字时，因受了作品内容的感染，偷偷多印了校样，带回家里给亲友们传阅。校样又经过多次复印。于是此稿在社会上不胫而走，迅速传开。那位导演看到的就是工人偷印的校样。"

① 这里有关"革命历史小说"的说法，取自黄子平先生的相关论述。他用"革命历史小说"来命名中国大陆 1950～1970 年代一批内容涉及"革命历史"的小说。在他看来，"这些作品在既定意识形态的规限内讲述既定的历史题材，以达成既定的意识形态目的。它们承担了将刚刚过去的'革命历史'经典化的功能，讲述革命的起源神话、英雄传奇和终极承诺，以此维系当代国人的大希望与大恐惧，证明当代现实的合理性，通过全国范围内的讲述与阅读实践，建构国人在革命所建立的新秩序中的主体意识。这些作品的印数极大，而且通常都被迅速改编为电影、话剧、舞剧、歌剧、戏曲、连环图画，乃至进入中小学语文课本。人物形象、情节、对白台词无不家喻户晓，深入日常语言之中。对'革命历史'的虚构叙述俨然形成了一套弥漫性、奠基性的'话语'，亟欲令任何溢出的或另类的叙述方式变得非法或不可能"。（黄子平：《"灰阑"中的叙述》，上海文艺出版社，2001，"前言"第 2 页）

的传统，由于这一引入，一系列堪称重大的问题，亦将迅速进入我们的视野。

小说《高山下的花环》采用第一人称叙事，叙述者是现任某步兵团三营教导员的赵蒙生。故事的前半部分并不复杂："高干子弟"赵蒙生到梁三喜所在的九连就任指导员，然而实际上这却是他为了调离部队而采取的"曲线救国"手段。小说前半部分即围绕此事件，由赵蒙生自己讲述自己的思想转变过程。

然而，如果我们注意到这位"垮掉"者的身份，那么事情似乎就开始变得有些复杂了——小说里交代得很清楚：赵蒙生下到连队，担当的正是连"指导员"的工作。对此，连他自己都觉得颇不好意思："指导员——党代表，我是在亵渎这神圣而光荣的称号啊！"但是，为什么"亵渎"了"指导员"这一称号，会令赵蒙生如此愧怍呢？

这就要说到所谓"革命历史小说"的传统了。

众所周知，政治工作一直被视为人民军队的重要组成部分。毛泽东在总结早期红军成功的经验时，曾明确指出，"红军所以艰难奋战而不溃散，'支部建在连上'是一个重要原因"。[①] 而这一"军事政治"标准反映到"文化政治"方面，便是人们将"革命历史小说"是否出色地刻画出优秀"政工人员"形象，作为评价一部作品的重要参考标准。

比如，著名的"红色经典"《红日》，当其发表之后，人们对它的批评主要集中在两个方面：一是认为小说在描写华静与副军长梁波的"爱情"时，表现"失当"；另一个批评就是认为《红日》没能写好部

---

① 毛泽东：《井冈山的斗争》，《毛泽东选集》（第一卷），人民出版社，1968，第 65～66 页。

队的"政治思想工作"，也没能塑造出优秀的"政工干部"形象。何其芳认为，"如果不离开我们目前的文艺水平去提出要求，可以说《红日》没有什么重大的缺点。小说里提出了一个全军成为包袱的思想问题，然而这个问题的解决却几乎只依靠后来的战争的实际教育，没有较为充分地写出军队里面的政治思想工作，这或许是一个比较重要的不足之处。"① 刘金的分析则更为具体：

> 与军事干部相比，《红日》没有塑造出性格鲜明的优秀的政治干部的形象来。这不能不说是一个缺点。
>
> 大家知道，政治工作是人民解放军的灵魂，是人民解放军攻无不克、战无不胜的保证。政治工作当然不是只由政治干部来做，但主要的是由政治干部来做的。所以要真实地反映革命战争的历史，不能不写政治干部的活动与它所起的作用。但是在《红日》里，无论哪一级的政治干部，都写得比军事干部逊色得多。可以说，全书中没有一个政治干部其性格的鲜明突出，足以同军长沈振新、团长刘胜、连长石东根……等军事干部媲美。②

冯牧则将《红日》与《保卫延安》作了比较："作为一部反映了革命战争史迹的作品看来，《红日》的内容可以说是丰富而完整的；但是，如果我们从人民解放军的实际状况来加以衡量，我们就会发现

---

① 何其芳：《我看到了我们的艺术水平的提高》（节选），原载《文学研究》1958 年第 2 期，收入上海师范大学中文系编印《中国当代文学研究资料·〈红日〉研究专集》，1979，第 77 页。

② 刘金：《〈红日〉试析》（节选），上海师范大学中文系编印《中国当代文学研究资料·〈红日〉研究专集》，1979，第 135 页。

这部作品存在着一个重要的弱点，这就是对于军队的政治思想工作缺乏正面和有力的描述。这也是《红日》明显地逊色于《保卫延安》的一点。"①

而在塑造"政工人员"方面，《保卫延安》做得的确出色——这正如冯雪峰所评论的：

在这部作品中，加以最充分描写的，除周大勇外，还有一个李诚。这个典型人物被创造出来，也是这部书的一个重要的成就。

这是可以代表中国人民解放军中政治工作干部的艰苦卓绝精神的一个典型人物；是那些真正不知辛苦、不知疲倦地惊人地工作着的政治工作人员的一个生动的灵魂；是一个以特殊材料造成的——然而完全可以了解的——真正的共产党员的一幅图影。

从这个人物身上，人们可以最深切地了解到为什么党的政治工作是我们部队的生命和胜利的保证，以及怎样地使它成为部队的生命和胜利的保证。在这里，我们就看见我们从红军时代起在长期中所创造出来和积累起来的部队中政治工作的传统和一些模范的图形……作者就写出了李诚这样的人物，写出了我们政治工作的精神和政治工作人员的灵魂，把这些人们的惊人的革命英雄主义的品质，最生动地从一个人物的身上刻画出来了。把政治工作者写得这样深刻、充分、突出、动人，——这也是我们在别的描写我们的战争和我们部队生活的作品中还不曾看见过的。②

---

① 冯牧：《革命的战歌，英雄的颂歌——略论〈红日〉的成就及其弱点》，载《文艺报》1958年第21期。

② 冯雪峰：《论〈保卫延安〉》，收入陈纾、余水清编《中国当代文学研究资料·杜鹏程研究专集》，福建人民出版社，1983，第201～203页。

　　在"革命历史小说"系列中，《保卫延安》属于成书最早者之一，它在塑造"政工人员"方面成就也高，它对后来者的"典型示范"作用，当然也就巨大。也唯其如此，当我们在《高山下的花环》一开头便看到这样一位"垮掉"了的"指导员"时，我们心里的"震惊"是否也就格外强烈？

　　在小说里，一方面，我们看到了"指导员"赵蒙生的"垮掉"；另一方面，我们也看到了人们对于既往政治动员模式的厌恶与拒绝。小说里有位配角：炮排长靳开来。他与赵蒙生初次见面，便明言自己乃是"全团挂号的牢骚大王"。在战争即将打响之际，部队提拔这位"牢骚大王"担任副连长，可在战前的一次会议上，靳开来的发言却毫无"革命战士"的应有"觉悟"。"支委们刚刚坐下，靳开来便站起来说：'这个会根本不需要再开呦！查查我军历史上的战例，副连长带尖刀排，已是不成条文的章程！既然战前上级开恩提我为副连长，给了我个首先去死的官衔，那我靳开来就得知恩必报！放心，我会在副连长的位置上死出个样子来！'"他还同团里搞新闻报道的高干事这样开玩笑：

　　　　散会时，靳开来对高干事笑了笑："喂，笔杆子！一旦我靳开来'光荣'了，你可得在报纸上吹吹咱呀！"说着，他拍了拍左胸的口袋，"瞧，我写了一小本豪言壮语，就在这口袋里，字字句句闪金光！伙计，怕就怕到时候我踏上地雷，把小本本也炸飞了，那可就……"

　　有意思的是，像靳开来这样爱发牢骚的军人，在以往的"革命历史小说"里，我们也不难看到。还是以《红日》为例，小说里有一位叫作刘胜的团长，每次他只要觉得战斗任务分配不合他意，他便牢骚满腹、愤愤不平，而团政委陈坚却并没能对团长进行正面"教育"。当时的评论家就抓住这一细节，对小说展开批评：

> "求战心切"的鬼影子却久久地占据在刘胜的头脑里……这种错误的思想，几次受到军首长的批评。但是作为团政委的陈坚，没有能够及时地帮助刘胜认识这种错误……而在他们的合作当中，陈坚是看到了一些问题，在他两人中间也确有一些矛盾，却没有展开，或者是轻轻回避开了。比如上级要刘胜团迂回到敌人的后方打游击，刘胜是不愿意接受的，后来和陈坚谈起这件事，刘胜还怪陈坚："我不好还价，不也不还口！"陈坚并没有从这件事上坦率的和刘胜展开思想交锋，认真的分析一下军部的调度是正确的，却抓住了刘胜的"你不能违抗命令，却要我违抗命令"的小辫子，一阵"哈哈"混过去了。把这样一场可以展开的矛盾，只当做"有趣的笑谈"，滑过去了。①

陈坚没有对刘胜展开"思想交锋"，作为连指导员的赵蒙生同样也没有对"牢骚大王"展开"思想交锋"。然而值得注意的是，对《高山下的花环》的作者来说，所谓"思想交锋"云云，其实大可不必一定要如上述论者所说的那样"上纲上线"：

> 某连指导员平时很会做思想工作，理论上也有一套。这个连队

---

① 罗荪：《评"红日"》，上海师范大学中文系编印《中国当代文学研究资料·〈红日〉研究专集》，1979，第109~110页。此外，平凡的文章《〈红日〉所体现的毛主席的战略思想》（《文学研究》1958年第2期）一文也表达了类似的看法。

在战斗中打得非常出色。我问这个连队的战士们，在战斗的关键时刻指导员是怎样做鼓动工作的。战士们对我说，他们印象最深的是这样两件事：一次指导员面对只有十几米远的越南侵略者大骂："这群狗娘养的！"骂着，他第一个冲上去了；另一次攻山头时，面对敌人的火力点，指导员回头朝战士们一摆手："有种的，跟我上！"战士们跟着他呼啦啦冲上去了。指导员在这次战斗中牺牲了。实际上，在战斗最激烈的时刻，宣传鼓动不会是长篇的大道理。在残酷的战斗间隙，有的指导员高喊："共产党员们、共青团员们站出来，考验我们的时刻到啦！"这的确是很激动人心的。然而，面对敌人痛骂一声，回头对战友一摆手，喊一句"有种的，跟我上"的指导员，也不失为是可敬可钦的好指导员。①

如果说"长篇的大道理"所诉诸的是人的"阶级觉悟"的话，那么"有种的，跟我上"，则更多是对"个人血性"的诉求——正如小说交代的，赵蒙生的转变，也正立基于此。② 事实上，这一由"革命理性"向"人性本能"的转换，其影响可谓深远，其后的"军旅文学"创作，似乎大都遵循了这样的写作路径——正如当时的评论家

---

① 李存葆：《〈高山下的花环〉篇外缀语》，《十月》1982 年第 6 期。
② 当然，出于策略考虑，也有评论家试图为赵蒙生的举动找到"革命"依据：

　　这时，仅仅是这时，赵蒙生才猛然醒悟，才开始懂得一点什么是人的尊严，什么是军人的尊严！因为他第一次意识到在他的胸膛里还在剧烈跳动着一颗懂得羞耻的心。马克思说，羞耻本身就是一种革命，耻辱感是一种内向的愤怒。那么，一个将门之子的正义的愤怒，难道就不能出英雄吗？回答是肯定的。（王春元：《巍巍青山——评中篇小说〈高山下的花环〉》，《人民日报》1982 年 12 月 22 日）

　　明眼人自然不难看出，"马克思"在这里是如何起着"保护"和"修辞"的效用的。

所回顾的:

> 我觉得有一个理性在向感性转化。不论是写五好战士,还是写爱国主义英雄不再是建立在空泛理性的基础上,不是为了一个明确的保卫祖国去当英雄这样的理性目标,而往往是出于战场的切身的气氛,包括看见自己旁边有人在流血,队伍上不去等各种各样的东西,一个人非要把你打死的时候,你不把他打死就只有被打死。于是你只能反抗,你是在反抗中成为英雄,而不是为成为英雄而成为英雄。这里不是理性的阐述,也不是提高到理性高度去体现,而是发自真实的感受。譬如红军长征吧,过去我们一直讲是一种理性指引我们革命走向胜利,可是我想这其中也应当包括:你走进了水草地,你走不出去就要被困死,那么你就只有一口气,爬也要爬出去这样一种源于生命力本体的东西。①

然而,应该立即指出的是,在"革命历史小说"的传统里,诉诸"生命本能"的写作,其实恰是为毛泽东时代的批评家所反对的——比如《红旗谱》里的朱老忠和《林海雪原》里的杨子荣,前者所体现的,是农民获取"革命觉悟"的"成长史",后者所体现的,则是性格没有"发展"的"英雄传奇",因此有人指出:

> 朱老忠的形象,是提供了一部旧中国革命农民的性格发展史;杨子荣的形象,则是提供了一个革命战士斗争生活的横断面的英雄

---

① 《军事文学的现状与展望——部队作家十人谈》,《文学自由谈》1987 年第 5 期;本段所引是张志忠的发言。

传奇。一个是"性格发展史"，一个是"生活的横断面的英雄传奇"。就小说的整个情节来讲，朱老忠的形象始终是占据着《红旗谱》的中心地位，而杨子荣的形象只是在《林海雪原》的一个情节——智取威虎山——里占据主要地位。如果这样比较，无论杨子荣的形象的现实主义描写多么充分，由于情节处理的限制，也无法超过朱老忠。①

事实上，在"革命历史小说"中，"政治委员"之所以重要，恰在于"革命战士"的生命"感性"，需要被提升到阶级"理性"的高度。然而从《高山下的花环》开始，阶级"理性"开始让位于生命"感性"，如此，"政治委员"便也不再重要了——在《高山下的花环》以后的"军旅小说"主要人物中，"政治委员"要么不再出现（如《凯旋在子夜》），要么即使出现，其"政治工作者"的身份对其本人来说也并不重要（如《啊，昆仑山!》中的向西行），或者是需要"改造"的对象（如《亚细亚瀑布》中的谢玉宝）——而在赵蒙生身上，我们正可找到这一转换的全部秘密。

当然，"政治委员"角色的重要性能够发生如此的转变，更是与整个中国思想政治倾向的变化密切相关的：在毛泽东时代，军队的作用不仅体现在国家的安全保卫方面，更为重要的是，军队还被视为"革命的大熔炉"，是集中体现了"革命精神"的地方——所谓"全国人民学习解放军"、"政治标准第一"，都表明了"人民军队"对于"革命中国"的引领和示范作用；也只有在这样的背景中，"政治委员"才会被视为重要角色。而在邓小平时代，随着"国防现代化"口号的提出，

---

① 李希凡：《革命英雄典型的巡礼》，《文学评论》1961 年第 1 期。

军队发展的方向被规定为专业化、正规化，而所谓"专业化"和"正规化"，强调的都是军队在建制、装备等"物质"方面的发展，而非军队对于"革命政治"的示范作用。如此，"政治委员"变得不再重要，似乎也就是顺理成章的事了。

第二节 "无根"的英雄

《高山下的花环》所要解决的核心问题，即是"个人"与"国家"的关系问题——赵蒙生有自己的生活打算，不愿"丢小家、保大家"，现在你一定要他"识大体、顾大局"，你拿什么说服他呢？带着这个问题去阅读这部小说的后半部分，我们就会有一些有趣的发现。

就故事情节而言，《高山下的花环》其实可以分为前后两个部分：前一个部分，重点在对战争的描绘；而后一个部分，重点则在对梁三喜家人——其母其妻——的描绘。

之所以要重点叙述梁三喜的母亲和妻子，是因为她们身上所体现出的"山里人"的淳朴善良，恰与赵蒙生及其母亲的自私自利，形成鲜明的对比——的确，梁三喜的母亲和妻子一出场，我们就能感受到她们身上那种"平凡的伟大"：

> 梁大娘看上去年近七十岁了。穿一身自织自染的土布衣裳，褂子上几处打着补丁。老人高高的个，背驼了，鬓发完全苍白，面孔干瘦瘦的，前额、眼角、鼻翼，全镶满了密麻麻的皱纹。象是曾患过眼疾，老人的眼角红红的，眼窝深深塌陷，流露出善良、衰弱、接近迟钝的柔光，里面象藏着许多苦涩的东西。如果是在别的地方偶然遇上，我怎会相信这就是连长的母亲啊！

玉秀显得很是年轻，中上等的个儿，身段很匀称。脸面的确跟靳开来生前说的一样，酷似在《霓虹灯下的哨兵》中扮演春妮的陶玉玲。秀长的眉眼，细白的面皮，要不是挂着哀思和泪痕的话，她一定会给人留下一种特别温柔和恬静的印象。她上身穿件月白布褂，下身是青黑色的布裤，褂边和裤角都用白线镶起边儿，鞋上还裱了两绺白布（后来我才知道，她是按古老的沂蒙风俗，为丈夫服重孝）……

而玉秀到军营之后的种种贤良表现，更使得赵蒙生禁不住赞叹："从玉秀身上，我看到了中国女性忍辱负重、值得大书特书的传统美德！"

值得注意的是，这种以"农村女性"（通常是某官兵的妻子）的"淳朴善良"来反衬"自私自利"、"道德窳败"之"世风"的方法①，

---

① 当然，据李存葆自述，他对梁三喜家人的描写，是为了增加作品的"历史的纵深感"：关于十年动乱中梁大娘一家的遭遇及境况，我想，凡是到过革命老根据地沂蒙山，或到过革命圣地延安的读者，以及曾深受"割尾巴"之害的穷乡僻壤的人们，对《花环》中展现的这方面的生活，他们是会有各自的体验和补充的，这里毋庸赘述。

战争年代，沂蒙山区的人民为革命胜利付出过巨大的代价，这是读者们熟知的。十年动乱，沂蒙山区受到空前的浩劫。前些年，为了一个话剧的创作，我曾多次到沂蒙山中生活，着重了解沂蒙山人民在解放战争年代支前的情况。对他们的过去了解愈多，对他们在"文革"中所受到的摧残就更加令人痛惜！八０年冬，我又一次去沂蒙山生活时，党的三中全会已给这里的人民带来福音，山区发生了很大的变化，令人欣喜。可有一天，我无意中听到一个妇女在吓唬哭的孩子时说："你敢哭，再哭，'棒子队'来了！"小孩立刻便被吓得不哭了。我当时不寒而栗！是的，动乱的年月已经过去了，我们应该向昨天告别了，但历史的经验和教训，我们是不应该忘记的！

在《花环》中，我设计了雷军长与吴爽，吴爽、赵蒙生与梁大娘一家的人物关系，这种关系在沂蒙山那样的老革命根据地是常见的。我想通过对这些人物关系的描绘，使读者在读《花环》时，能产生一点历史的纵深感。（李存葆：《〈高山下的花环〉篇外缀语》，《十月》1982年第6期）

在《高山下的花环》发表前后，一直都为众多作家所采用。

比如，刊载于 1979 年《解放军文艺》上的小说《喜期》①，便采用了这样的"修辞"方式。小说开篇，是这样一段描写："她下了火车，明眼人一瞧就知道这是个东北农村姑娘，略略显方的脸上，一双透亮的秀目，大而舒展，嘴唇稍稍有点厚，显得不那么唇齿伶利。姑娘叫新妮，是准备到某机场和飞行员丁育青成亲的。"小说写新妮怎样逐渐了解军营，进而全心支持未婚夫工作。而同期发表的另一篇小说《受震动的心灵》②，描述的则是某"城市"姑娘对解放军战士的"傲慢与偏见"，恰与"农村"姑娘的美德相对："在全厂两千多女工中，被公认为'长得确实清爽'的织锦车间女工俞婉婉，因为'自然条件'好，素来很爱打扮，也很会打扮，逢到青年人集会，正是争芳夺艳的时候，自然收拾得更加齐整。她今天保持着'海派'的风韵：两束辫子发梢烫卷，用黑绒点金橡皮筋居中一扎，也不用编结，让黑发乌云自然垂散着；上身是橘红色金丝绣花平纹花呢春装，下穿墨绿色针织弹力呢女裤，显得熨帖合体，风姿秀逸。"但如此一个漂亮人物，却为人势利，看不起解放军战士——较之新妮，俞婉婉尽管"外表"时尚，却实在缺乏"心灵美"。

在与《高山下的花环》同年发表的小说《彩色的鸟，在哪里徘徊》③ 中，作为正面人物的大女儿勤勤恳恳地担当家务，照顾着军人丈夫的母亲和弟妹，她"一直守在那块土地上，种着六分水田和五亩三分红薯，养着两头猪、三只羊和一群鸡鸭，侍候着一个多病的婆婆和两个年少的小叔、小姑"。小说结尾，作者忍不住对大女儿发出赞叹：

① 张欣：《喜期》，《解放军文艺》1979 年第 8 期。
② 刘宝玲：《受震动的心灵》，《解放军文艺》1979 年第 11 期。
③ 海波：《彩色的鸟，在哪里徘徊》，《解放军文艺》1982 年第 5 期。

"只有这样的女人才配嫁军人！"而作为反面人物的，则是小女儿的大学讲师追求者，他满口的"现代爱情观"，认为"守那些生死赴难的人，充其量不过是原始道德观的节，而绝谈不上爱"。他的轻佻，无疑是小说批评的对象。

而在《天山深处的"大兵"》[①] 的作者李斌魁发表于1985年的长篇小说《啊，昆仑山！》[②] 中，我们再次看到了这一人物"配置"：小说告诉我们，扎根边疆的"牢骚"兵黄沙的未婚妻秀玲，温柔善良、任劳任怨——她等待黄沙已经八年，黄沙爹娘去世、妹妹出嫁，都是秀玲和她们家人料理的。现在她又侍候着黄沙的爷爷，种着他家的责任田。当她得知向西行的妻子因为不能忍受向西行身居边疆而与他离婚后，她在给黄沙的信中愤愤不平地写道："我真没想到，部队里还会有那种女的！这种人真把解放军的人丢尽了……你放心吧！从现在起，我就是你的人，你在昆仑山干多少年，我等你多少年；你身体不好，我侍候你；就是你伤了残了，我也守着你，守你一辈子！"

那么，这样的人物"配置"，其意义究竟何在呢？一篇并非正面论述此问题的文章，似乎能给我们提供一些线索：

1982年，《高山下的花环》在回归革命现实主义的同时，不仅是回归了一种创作方法和原则，而且也回归了一种审美理想和价值取向。多年来，我们只注意它的"突破"和创新，而忽略了它对传统的承续，以及和"十七年"某种范式的深刻的相似性。比如

---

① 李斌魁：《天山深处的"大兵"》，《解放军文艺》1980年第9期。
② 李斌魁：《啊，昆仑山！》，《当代》1985年第1期。

在评价"农民军人"的政治和道德标准的设置方面，——来自沂蒙山区的农民之子梁三喜以及靳开来，和雇农出身的苦大仇深的杨子荣，其实都是革命品质的化身和英雄主义的载体，只不过后者是以一种深入虎穴的孤胆英雄式的方式表现之，而前者则是通过一种忍辱负重的"位卑未敢忘忧国"的平凡形象传达之。当然比较而言前者倒反而更加真实，因而也更加催人泪下。不过我想指出的是，二者在对农民军人的颂扬方面，都是不遗余力和不加保留的，在认识论方面，基本上遵循了新民主主义革命以来几十年一以贯之的思想路线，即农民是革命的主力军，人民是推动历史前进的动力，或者如毛泽东所规定的："没有贫农便没有革命，若打击他们便是打击革命，若否认他们便是否认革命。"杨子荣们愈到后来愈加神话式的"高大全"自不必说了，就是李存葆也主要是着力于提升、弘扬梁三喜们身上的传统美德，而对一其另一面则视而不见或忽略不计，更遑论"打击"与"否认"。靳开来违反纪律去偷砍甘蔗而导致触雷身亡，实在也算不上"缺点"，甚至毋宁说正是他实事求是勇于正视现实的优点，他爱说点牢骚怪话也恰恰反衬了他心底无私、胸怀坦荡的磊落性格——李存葆是很懂得先抑后扬和欲擒故纵的——靳开来因此更加"完美"。为了梁三喜、靳开来这些农民子弟兵和他们身后的梁大娘和韩玉秀们，李存葆在《花环》中不啻喊出了两句话——"战士万岁"和"人民—上帝！"由此我们也强烈地体味到了洋溢在李存葆笔下的那种革命农民的优越感和自豪感。①

---

① 朱向前：《乡土中国与农民军人——新时期军旅文学一个重要主题的相关阐释》，《文学评论》1994年第5期。

　　这段话的要点有二：一是《高山下的花环》固然有创新的一面，但其"承续""传统"的一面也不应该被忽视——具体地说，它"在评价'农民军人'的政治和道德标准的设置方面"，与"十七年"的某种范式有着"深刻的相似性"；二是受此"范式"的影响，在《高山下的花环》中，作者存在着"美化"笔下"农民"出身的战士的倾向，而这种倾向，又与作者的"那种革命农民的优越感和自豪感"有关。仿照这一判断，我们当然也可以说：一方面，以"农村女性"来反衬"城市人"（不一定是女性），无疑是因为前者的"善良淳朴"，乃是人人认可的美德；另一方面，这样的一种人物"配置"，似乎同样是对"十七年"范式的某种"承续"——比如，《高山下的花环》在介绍玉秀的时候，曾貌似闲笔地提到，玉秀长得"酷似在《霓虹灯下的哨兵》中扮演春妮的陶玉玲"——的确，就两人的"农村"背景和"山里人"脾气来说，玉秀恰似1980年代的春妮；但是细察起来，二者在角色的"功能"方面，却存在着根本的差异。在介绍春妮这一角色时，当时的主创人员详细指出了这一角色所应涵盖的意义，认为她应该：

　　……温柔贤良，淳厚坚贞。既不能驯顺软弱，又不能冰冷无情。既要避免忸怩缠绵，又不能生硬地表现英雄气概。既要有中国劳动妇女贤惠的品德，又要具备一个共产党员的高度原则性和坚强的性格。春妮感到陈喜的思想变化之后，不应仅仅作为夫妻之间的担忧，她同时应当为一个同志，为一个战友而担忧。她才能深深感觉到在南京路站岗"和在前线打仗一样！"这句话，这种感觉是极为深刻的，是作为一个共产党员发自内心的语言。①

――――――――――

　　① 漠雁、田烈：《给观众的一封信》，《北京日报》1963年4月9日。

显然，与玉秀身上"值得大书特书的传统美德"相比，《霓虹灯下的哨兵》的剧作者对于春妮的要求，无疑更为"革命"和"现代"：因为她对丈夫的忧虑，不应该仅仅出于夫妻之情，而是应该"站得更高、看得更远"，具备"共产党员"的觉悟和情怀。然而有趣的是，1978年，当该剧主创人员再次撰文谈论其创作心得时，关于春妮的介绍文字，却发生了有趣的变化：

> 春妮，在解放区的识字班、妇救会里时常见到。她淳厚、坚贞、含蓄、多情，她身上具有中国劳动妇女优秀的品德。生产、支前，件件少不了她。常在月光下看到她哼唱着小调为前方战士做军鞋，磨军粮。她会串联全村的大姑娘、小媳妇，挨家挨户搜集战士换下的军装，又抢又夺地拿到清清溪水里洗净、晒干，叠得整整齐齐，分头送还战士们。①

尽管从"识字班"、"妇救会"等语词之中，我们依然能够体会到某种时代气息，但现在这段关于春妮的描述，似乎已经更侧重于"平静"（而非"紧张"）的"日常生活"——"在月光下……哼唱着小调"；侧重于"日常生活"之中"中国劳动妇女优秀的品德"，而非从"日常生活"之中拔高出来的"阶级觉悟"——因此，这里的春妮，也就更接近于一位"老乡"，而非"同志"。

结合 1980 年代关于"农民"、"农村"的其他叙述，我们不难看出，如果说在毛泽东时代，"革命历史小说"之所以会征用"农民"、

---

① 沈西蒙、漠雁、吕兴臣：《创作〈霓虹灯下的哨兵〉的几点心得》，南京师范学院中文系编《中国当代文学研究资料·〈霓虹灯下的哨兵〉专集》，1979年 4 月，第 16 页。

"农村"，是因为人们认定，"农村"乃是酝酿"革命中国"进步潜力的地方，而"农民"则是"革命中国"最为积极而觉悟的"群众"，那么现在，随着这一激进"革命政治"的退场，"农民"、"农村"的正面意义，便重又凝聚到那"静止不动"的、"田园诗"般的"乡土中国"状态，在那里，"农村"是日子周而复始的原始"共同体"，"农民"是重义轻利的朴实"乡民"；同时，"农村"又绝不是"革命"的策源地，相反现在它是窝藏"封建"的藏污纳垢之所，而"农民"也绝非有觉悟的"群众"，相反现在他们正是恶劣的"国民性"的代表①——所以，拿这"乡土中国"的"美德"做"反衬"是可以的，想用它来做支撑正面人物（梁三喜、靳开来）的资源，却是万万不可的。

更重要的是，"革命政治"的退场，使得"新时期"这种"承续"遭遇到了不小的问题——我们一定记得，在《高山下的花环》里，当赵蒙生得知梁大娘就是当年在沂蒙老区抚育过自己的乡亲时，他一下子对自己的"拜金主义"产生了"极度内疚"。然而，正如当时的评论家所敏锐指出的，"小说在情节的安排上，除了把雷军长处理成当年曾活动在沂蒙山区与梁大娘有过一段鱼水关系之外，还把赵蒙生写成从小寄养在梁大娘家里，是吃梁大娘的奶长大的，这一情节安排，为赵的进一步觉醒和赵母的最后转变提供了依据。但这样一来，巧合的因素多了，不免落入俗套。按照作者现有的描写，赵蒙生见到梁大娘，即使这位大娘并没有哺育过他，他难道就不会引起思想震动吗？"② 的确，问题正在于，如果赵蒙生与梁大娘之间没有亲缘关系，那么他还会不会觉得内疚呢？推而广之，如果那些"自私自利"者与"淳朴善良"的乡下人

---

① 详见本书第四章的论述。
② 史中兴：《富有时代特色的新人形象——读〈高山下的花环〉》，《文汇报》1982年12月15日。

之间既没有政治上的"同志"感，又没有亲缘上的"亲人"感时，你怎么能保证他们就一定会受到思想上的触动呢？

但是，尽管有这些"淳朴善良"的"乡里人"作支撑，他们与塑造"正面英雄"的尝试之间，似乎依然缺乏有机的关联，一个典型的例子是李斌奎的小说名篇《天山深处的"大兵"》。无论是短篇小说本身，还是之后根据小说改编的话剧、电影、电视剧，其核心始终都是一心奉献边疆的郑志桐，试图说服为自身利益——有些是十分合理的利益——考虑的女朋友李倩——就"小我"与"大我"的冲突而言，我们可以说，这里的李倩，其实也就是《高山下的花环》中的赵蒙生。

如同李斌奎在小说里所展示的，一方面，是李倩的顾虑：边疆条件艰苦、生存环境险恶，未来要两地分居等；另一方面，则是郑志桐的"晓之以理"：扎根边疆、报效国家。可惜的是，郑志桐的"达理"，却似乎始终无法达成与李倩的"通情"——小说以开放式结局收尾，李倩最终被说服与否，我们也不得而知。对于郑志桐的尴尬处境，当时的评论家也都一而再、再而三地加以指出。针对根据小说改编的电影《天山行》，时人曾有这样的评论："为了提高人物的思想性格基调以至整个作品的'基调'，《天山行》就存在着某些简单化和直线式表现的弱点。影片好象有点偏爱于让先进人物说出较多的先进言语，偏爱于借旁人的嘴巴来直接说出先进人物的先进事迹。"① 而这种表现方法之所以不佳，是因为郑志桐言语尽管漂亮，思想却似乎"无根"。"我感到最大的遗憾是郑志桐的思想形成不具体，还有些概念。六十年代末的郑志桐就认识到了知识青年下放农村插队实质是失业，思想起点太高，不

---

① 所云平：《愿军事题材影片更上一层楼——看影片〈天山行〉的几点启示》，《电影艺术》1982 年第 1 期。

大可信。在陕北农村，他从本身的遭遇和县农民的结合中悟到了一点什么？也不具体。到了部队后，他是从一种什么样的思想基础上提高到了具有为共产主义献身精神的优秀指挥员的？也不清楚。因而，尽管他有不少的英雄行为和颇具哲理的语言，但是使人觉得他的思想没有根，他的某些豪言壮语不像肺腑之言，缺乏亲切感，无疑也就减弱了他的感染力。"①　值得一提的是，即使是在几年之后发表的长篇小说《啊，昆仑山！》中，英雄人物只会喊口号的毛病依然没能得到解决——人们能够很容易地就从小说主人公向西行的身上，看到郑志桐的影子。"从作品的结构、矛盾展开以及对主要人物向西行的刻画中，我们还不时感到'大兵'的影子在隐约晃动。这是一种重复自己的现象。即以向西行的形象刻画为例，作者似乎作了一些努力，想把他的性格与郑志桐区别开来，但是，一写到'叫劲'的地方，就总是情不自禁地要安排他出来作一些'英雄'的惊人之举，甚至还要慷慨激昂地'说'上几句思想，似乎非此就不能表现出主人公的英雄气概。这表明作者还未能完全跳出他所习惯了的'写英雄'的笔法。"②

　　在笔者看来，刘亚洲的《两代风流》在塑造新一代"风流"方面的失败，恰也正源于这样一种"思想无根"的缺憾："与老一代的风流相比较，作者对于青年一代的描写就显得稍逊一筹。尽管他写了李辰女儿菲菲的未婚夫耿爱国捐躯沙场，他那短暂的风流生命之花里，灌注着老一代的风流精神；尽管他也对菲菲的愤世嫉俗的自命'风流'进行了善意的批评，然而我们却很难咀嚼出如同老一代风流中所包蕴的沉甸

①　所云平：《愿军事题材影片更上一层楼——看影片〈天山行〉的几点启示》，《电影艺术》1982 年第 1 期。
②　丁临一：《莽莽昆仑塑英魂——读长篇小说〈啊，昆仑山！〉》，《解放军报》1985 年 6 月 13 日。

匈的生活内涵。这恐怕就是作品的不足之处。"① 而在丁临一看来，其间的症结，正在于作品未能清楚交代由老一代"风流"向新一代"风流"转换的"桥梁"。"不过严格说起来，这两个人物似乎还只是接近于完成但还未最后完成的'过渡典型'，从作品中提供的东西看，他们目前似乎主要还只是属于小圈子中的佼佼者，他们的智慧、力量和灵魂还未能在更广阔的领域，在群众的、历史的事业的实践中得到更充分的展示，而爱国的捐躯前线和菲菲的挨刀住院并没有能完成这种过渡，相反，倒显得多少有些勉强，有些人为的斧凿痕迹。爱国和菲菲属于这一代人，这是无疑的；他们将成为明天的'风流人物'，这种发展趋势也是明显的。在'今天'和'明天'之间，则还需要一种完成过渡的推力。"②

所谓"无根"，也就是缺乏架通"个人"与"国家"之间的"桥梁"；"英雄"固然是"英雄"，可是其说服力如何，却始终存在疑问。

更为重要的是，到了1985年，文学的"时代风潮"正自发生某些重要的转向，具体到所谓"军事题材"领域，已经有研究者开始指出："在我们的军事文学创作中，往往把军事文学与非军事文学之间的界限区划得过于清晰了，以致在其他非文学缘由的影响下，生产了一些目光

---

① 叶鹏：《生活旋涡中的高级将领——读长篇小说〈两代风流〉》，《中国青年报》1984年6月3日。

② 丁临一：《读长篇小说〈两代风流〉》，《当代文坛》1984年10期。冯牧也有类似意见："作品中的菲菲是写得很有个性的一个人物。如果把这个人物孤立起来看，她的个性是突出的，但如果把这个人物放在她所置身的环境中来看，就使人感到有某些不好理解的地方。对这个人物的描写，有一些细节是很有光彩的，但细节与细节之间，细节与人物性格之间，细节与这个人物所经历的环境之间，还缺乏那种完整的、和谐的、非常贯串的关系。"（冯牧：《从〈两代风流〉谈开去》，《文汇报》1985年1月15日）

短浅的甚至充满了反文学气息的观念因素，譬如军事文学就是英雄主义文学；军事文学要为兵说话；军事文学就是要照军人的正面标准像……"① 在该论者看来，"实践证明，那种以为只有照了军人的'正面标准像'，才称得上是正宗的军事文学的观点，不仅是幼稚，而且也有碍于军事文学朝着广阔的方向发展。而那种竭力主张军事文学要'为兵说话'的观点，更是不值得提倡的——且不说究竟要说些什么，就算作者的意愿是良苦的，但表现在文学领域里仍然是荒唐的。"②

也就是说，所谓"军事文学"，不仅可以不去照军人的"正面标准像"，也可以不去"为兵说话"——它们不仅不值得"提倡"，甚至简直就是"荒唐"的！与这一转向一起，1985 年"寻根文学"的兴起，更是使李存葆们还引以为正面资源的"农民神话""怦然坠落"③——于是，当莫言的《红高粱》④ 甫一出现，那"乡土中国"的"美好幻象"，也就终于崩塌了——"他（指莫言——引者注）几乎一上来就跳到了和李存葆遥遥相对的另一个极端——以一种农民的自卑感和自虐感，取代了革命农民式的优越感和自豪感。"⑤

自此，另一种与本书所讨论的《高山下的花环》等风格迥异的叙述开始成型——但是，如果似《红高粱》般的叙述也被读解成是对于"革命历史"的某种说法时，那"革命历史"，恐怕也就已经被彻底改写了吧。

---

① 周政保：《军事文学的观念问题》，《当代作家评论》1985 年第 4 期。
② 周政保：《军事文学的观念问题》，《当代作家评论》1985 年第 4 期。
③ 朱向前：《乡土中国与农民军人——新时期军旅文学一个重要主题的相关阐释》，《文学评论》1994 年第 5 期。
④ 莫言：《红高粱》，《人民文学》1986 年第 3 期。
⑤ 朱向前：《乡土中国与农民军人——新时期军旅文学一个重要主题的相关阐释》，《文学评论》1994 年第 5 期。

现在我们可以看得很清楚：在"新时期"，当赵蒙生这位"指导员"必须收起他的"革命政治""说教"，通过"个人血性"的展示来获得重生，这其实已经说明了既往"动员"方式的失败。换言之，当"革命政治"已经不再能够成为支撑"正面人物"的资源时，新的资源又在何方呢？正如本书的分析所试图表明的，此一时期，"乡土中国"似乎成为"军旅文学"新的叙事资源，只是"乡土中国"的种种美德，与塑造"正面英雄"的尝试之间，似乎总是存在有机的关联——尽管郑志桐们的"胸怀"、"觉悟"令人赞叹，其思想方面的"无根"，依然构成了他们的致命伤；更重要的地方在于，现在，"乡土中国"自身，似乎亦已开始陷入"合法性危机"之中，接下来的第四章，我们将探讨这个问题。

| 第四章 |

"知识"与"乡土中国"的危机

面对梁三喜之妻韩玉秀的温良贤惠，赵蒙生不禁赞叹："从玉秀身上，我看到了中国女性忍辱负重、值得大书特书的传统美德！"与之相较，那些只为自己打算、不思报效国家的人，其道德品质的卑劣低下，便立现无遗。应该说，在此一时期涉及农村的小说创作中，似韩玉秀这般身具美德者，其实并不少见——在我们接下来要讨论的小说《人生》①中，那感动了全村人的巧珍，不正是另一个韩玉秀吗？只是，这回巧珍面对的，是拥有"知识"的高加林——对立面变了，她身上的"美德"，还能具有那般魅力吗？

第一节 从加耕到加林："理想"的失落

《人生》中有这样一个情节：高加林上县城去卖馍，却羞于站在街头叫卖，最后，他跑到了县文化馆阅览室。在那里，高加林终于如鱼得水，"从报架上把《人民日报》、《光明日报》、《中国青年报》、《参考

---

① 路遥：《人生》，《收获》1982 年第 3 期。

消息》和本省的报纸取了一堆",如饥似渴地看起来。小说接着告诉我们,高加林初中时即已养成读报的习惯;高中时,高加林非常关心国际问题,曾专门分专题剪贴报刊资料。显然,作者意在告诉我们,高加林是一个胸怀天下、素有大志之人,因此才会对这些"天下事"如此关心。

但是这里却有一个问题:为什么只有当高加林来到"县城"后,他关心天下事的愿望才能达成?或者换句话说,为什么在农村他就没法关心天下大事?

这似乎是个很可笑的、不成问题的问题:小说不是告诉我们,高加林所在农村是多么"愚昧"、"落后"吗?高加林先是鼓动刘巧珍刷牙,结果被一群村民围观、笑话;他继而发起清洁井水的"卫生革命",更是遭到村民的冷嘲热讽——"愚昧很快就打败了科学!"既然农村是如此"愚昧"、"野蛮"、"不开化",哪还谈得上什么关心天下大事?

的确,自 1970 年代末以来,我们就不断读到反映农村"愚昧"、"落后"的小说,其中最有名的,当属高晓声讲述的有关李顺大和陈奂生的故事了——高晓声告诉我们,像李顺大这样毫无主见、盲目服从的"跟跟派",其实正构成了"文化大革命"灾难的群众基础①;而面

---

① 根据高晓声的看法,"文化大革命"灾难之所以会形成,"李顺大"们恐怕难辞其咎:

　　李顺大在十年浩劫中受尽了磨难,但是,当我在探究中国历史上为什么会发生这种浩劫时,我不禁想起像李顺大这样的人是否也应该对这一段历史负一点责任。九亿农民的力量哪里去了?为什么没有发挥应有的作用?难道九亿人的力量还不能解决十亿人口国家的历史轨道吗?看来他们并不曾真正成为国家的主人,他们或者是想当而没有学会,或者是要当而受着阻碍,或者径直是诚惶诚恐而不敢登上那个位置。造成这种情况的历史原因和社会原因值得深思。

　　我不得不在李顺大这个"跟跟派"身上反映出他消极的一面——那种逆来顺受的奴性。(高晓声:《〈李顺大造屋〉始末》,《雨花》1980 年第 7 期)

对所谓"陈奂生性格"，我们也不难联想到阿Q自欺欺人的可悲、可笑①——总之一句话，李顺大也好、陈奂生也罢，两人的"国民性"都大有问题，精神上毫无独立自主性，又怎配做我们国家的主人？同样值得一提的，还有当年轰动一时的获奖小说《被爱情遗忘的角落》，其作者更是在小说中愤愤不平地指责农村"穷、落后、没有知识、蠢！再加上老封建！"——总之，乡村的状况如此，"文明与愚昧的冲突"（借用当时评论家季红真的著名概括）频频发生，倒也真是"不可避免"。

因此问题很清楚：农村穷，所以农民"愚昧"、"落后"；农民"愚

---

① 阎纲对所谓"陈奂生性格"的归纳是："'还是再看看吧。'这句唯当忍之的话，也就是'漏斗户'代表陈奂生的性格特征——'陈奂生性格'。"在阎纲看来：

在"陈奂生性格"里，本来就有一种奴性存在，它一定要寻求主宰它的东西。新中国成立以后，翻身了，陈奂生寻到了，这个主宰就是共产党的干部，就是现管他的队干部。只要共产党好，这些干部就不会错，就是父母官。他一贯认为"干部比爹娘还大"，"爹娘打骂儿女，历来理所当然。"所以，他轻信、迷信、盲从，带着奴性。在"陈奂生性格"里，又有孔孟之道：忠恕、宽容、忍让。"君子不念旧恶"，他连新恶也不大念。一个队长，一个厂长，都敲过他的竹杠，现在礼贤下士、客客气气、平起平坐请他"帮忙"，他的心顷刻变软。陈奂生是个超级君子，"打了他以后替他拍拍背，他立刻就不怨；骂他的时候只要态度好一点，他就认为你是好心，而不抱怨。"这种奴性和怨道，是"看看再说"、"精神满足"的"陈奂生性格"的新发展！

这"陈奂生性格"，到底是传统的美德、真确的国粹，还是与生俱来的"民族病"、"国民性"？对于社会和历史，到底是动力还是惰力？是光荣还是耻辱？恐怕接近后者而绝非前者。它是特定历史时代的产物，就象"阿Q精神"是特定历史时代的产物那样。人们可以设想，在我国的农村，甚至在我国的城市，倘若"陈奂生性格"绝了迹，或者没有那么人多势众的"陈奂生性格"，我想，单是个人崇拜，"文化大革命"是搞不起来的。可惜，陈奂生的"精神的满足"和阿Q的"精神胜利法"至今仍然藕断丝连，这是历史性的遗憾。这也是民族的包袱，让我们赶快抛弃这沉重的包袱，改造这奴性的性格！（阎纲：《论陈奂生——什么是陈奂生性格》，《北京师范学院学报》1982年第4期）

昧"、"落后",所以不可能关心天下大事;因此关心天下大事的"知识分子"高加林,只有当他身处县"城"的文化馆里时,他才能如鱼得水。

然而,我们似乎还是可以在高加林所发动的"卫生革命"那里再稍作停留,因为"卫生革命"的说法,实在令人充满兴趣——倘若我们能将这里的"卫生"与"革命"分隔开来,转而考察两者之间的关系,则一段也牵涉"卫生"与"革命"之关系且对中国影响甚大的论述将迅速进入我们的视野——我指的是毛泽东《在延安文艺座谈会上的讲话》中的这一段:

> 那时,我觉得世界上干净的人只有知识分子,工人农民总是比较脏的。知识分子的衣服,别人的我可以穿,以为是干净的;工人农民的衣服,我就不愿意穿,以为是脏的。革命了,同工人农民和革命军的战士在一起了,我逐渐熟悉他们,他们也逐渐熟悉了我。这时,只是在这时,我才根本地改变了资产阶级学校所教给我的那种资产阶级和小资产阶级的感情。这时,拿未曾改造的知识分子和工人农民比较,就觉得知识分子不干净了,最干净的还是工人农民,尽管他们手是黑的,脚上有牛屎,还是比资产阶级和小资产阶级知识分子都干净。这就叫做感情起了变化,由一个阶级变到另一个阶级。①

在革命领袖看来,所谓的"阶级"并不是什么太过神秘的东西,

---

① 毛泽东:《在延安文艺座谈会上的讲话》,《毛泽东选集》(一卷本),人民出版社,1964,第 808 页。

"阶级立场"的转变，必然带来"身体感觉"的转变；或说，它们其实是一体的。因此，如果说有所谓"阶级"分疏的话，那么这种分疏也会在"身体感觉"方面有所表达；反过来，任何一种"身体感觉"，又似乎不是那么"自然"、"自明"的，它似乎也总是与某种"阶级立场"遥相呼应——因此，人的"身体感觉"的"历史性"、认识过程之中"理论"与"现实"的"无意识"互动等复杂因素，恐怕也是我们在此要加以留心的。① 由此出发，如果说当年革命领袖由觉得知识分子"最干净"到觉得工人农民"最干净"是"由一个阶级变到另一个阶级"——"理论""无意识"地参与到对"客体"的认识——的话，那么，现在高加林觉得农民"不卫生"（"不干净"），似乎也就是一个牵涉"阶级立场"的"大是大非"问题（同时也是一个"理论"问题）——我们是不是也可以说，他是"由一个阶级变到另一个阶级"了？两厢对照，则高加林这一"立场"的"颠倒"的确颇有深意。而如果我们要解释高加林的这一转变，则似乎还得从一些最基本的问题入手，比如，为什么在中国革命的过程中，"阶级情感"由知识分子的变为工人农民的，会被革命领袖看得如此重要？

让我们暂时先回到高加林的"心怀天下"。

回想起来，高加林这种胸怀天下的豪气，我们恐怕并不觉得陌

---

① 正如霍克海默提醒我们的："我们的感官向我们提供的事实在两个方面由社会预先决定：一是通过被感知客体的历史特征，二是通过感知器官的历史特征。这二者都不是自然形成的，而是由人的活动形成的。""从某种程度上说，个体及其理论所遇到的事实乃是社会的产物，因此，这些事实必有某种合理性，哪怕是狭义的合理性。不过，除此之外，社会活动通常也包括现有的知识及其运用。于是，被感知到的事实就由人的思想和概念一起决定，甚至是在认识客体有意识地阐明这种理论之前。"（马克斯·霍克海默：《传统理论与批判理论》，上海社会科学院哲学研究所外国哲学研究室编《法兰克福学派论著选辑》（上卷），商务印书馆，1999，第50页）

生——的确，就在《人生》发表约二十年前，也有一位回乡知青说过类似的话：1964年，高中学生董加耕放弃高考进入大学的机会，自愿回乡务农。在其《回乡务农日记片断》中，有这样几句当时流传一时的话："身居茅屋，眼看全球，脚踩污泥，心怀天下。"[①] 在这里，奇怪的事情出现了：怎么同样身为回乡知青，高加林只能到县城去满足他"心怀天下"的渴求，而董加耕却并不觉得"茅屋"、"污泥"与"全球"、"天下"有冲突之处呢？

问题似乎还得从"农村"对董加耕意味着什么谈起。

在董加耕的时代，农村同样"贫穷"，但是人们对于这"贫穷"的理解，却与高加林的时代有很大的不同——1958年，毛泽东在分析中国现状时指出："除了个别特点之外，中国六亿人口的显著特点是一穷二白。这些看起来是坏事，其实是好事，穷则思变，要干，要革命。一张白纸，好写最新最美的文字，好画最新最美的图画。"[②] 而中国的农村，就更是"一穷二白"的典型。显然，毛泽东的判断与1980年代人们的判断形成对照：如果说在高加林的时代，人们在谈到农村的"贫

① 董加耕：《回乡务农日记片断》，《中国青年》1964年第1期。关于"董加耕"在"知青""宣传"史中的前后位置，刘小萌有这样的论述："'文革'前树立的一批知青典型浓缩了知识青年在农村作为的方方面面。这批典型人物以回乡知青为多，最著名的是邢燕子和董加耕。如果说邢燕子回乡的主要愿望是改变家乡落后面貌的话，董加耕的下乡则抱有更大的理想。董加耕原名嘉庚，是江苏省盐城县的高中毕业生，在校期间品学兼优，具备考大学的有利条件。1961年毕业时放弃了考大学，要求'回乡务农，立志耕耘'，为此改名'加耕'。他的事迹经过大张旗鼓的宣传产生了轰动效应，他那句'身居茅屋，眼看全球，脚踩污泥，心怀天下'的名言，成为许多青年的座右铭。显而易见，这样的知青典型的作为主要是在政治方面。"（刘小萌：《中国知青史——大潮（1966～1980年）》，中国社会科学出版社，1998，第41页）从刘小萌的论述之中，我们不难看出"董加耕"与当代中国的所谓"理想主义"之间更为密切的关联。

② 毛泽东：《介绍一个合作社》，《红旗》1958年第1期。

穷"时，总是将其与"愚昧"、"落后"画上等号的话，那么在董加耕的时代，农村的"贫穷"则似乎反而意味着更大的"革命"潜力，也就是说，革命领袖试图使人们相信，贫穷落后的现状，只会激发贫苦农民要求变革的意志。

而这样的判断，又是与"中国革命和中国共产党"对于农民和农村的认识分不开的：

在中国，几千年的封建社会，农民是历史的创造者。有了工人阶级以后，农民是工人阶级最伟大的同盟军。中国的农民，革命性是很强的，不论是民主革命时期，还是社会主义革命和社会主义建设时期，他们都作出了重大的贡献。我们的党和毛主席，历来是十分重视农民的革命性和他们在革命中的作用的。毛主席说："农民的力量，是中国革命的主要力量。"（《新民主主义论》）农民是"工人的前身"、"工业市场的主体"、"军队的来源"，是工人阶级"最伟大的同盟军"，"除了无产阶级是最彻底的革命民主派之外，农民是最大的革命民主派。"（《论联合政府》）"革命靠了农民的援助才取得了胜利，国家工业化又要靠农民的援助才能成功。"（《中国人民政治协商会议全国委员会第一届第二次会议闭幕辞》）"我国有五亿多农业人口，农民的情况如何，对于我国经济的发展和政权的巩固，关系极大。"（《关于正确处理人民内部矛盾的问题》）只要重温一下毛主席的教导，就可以清楚地了解到轻视农民，看不起农民，认为当农民没有出息的思想是多么不正确了。当然，农民是具有两面性的，严重的问题是教育农民。但是，我国农业合作化和人民公社的无数历史事实证明，在党的领导和教育下，五亿农民完全可以成为工人阶级在社会主义革命和建设时期最伟大的同盟军的。①

革命领袖关于农民之"革命性"的论述史，其实也就是农民之"革命主体性"得以被建构的话语史；或说，在毛泽东时代的中国，"召唤"、"形塑"具有"革命性"的、能够"成为工人阶级在社会主义革命和建设时期最伟大的同盟军"的"新式农民"，一直是此一时期激进文化政治的核心焦虑之一。不仅如此，在毛泽东发表上述看法的"大跃进"前后，一旦这样的"新式农民"得以涌现，他们似乎也就不再仅仅占有"工人阶级同盟军"这样的"配角"位置。相反，在革命领袖看来，他们其实也正是当代"革命中国"的"形象化"表达："遵化县的合作化运动中，有一个王国藩合作社，二十三户贫农只有三条驴腿，被人称为'穷棒子社'。他们用自己的努力，在三年的时间内，'从山上取来'了大批的生产资料，使得有些参观的人感动得流泪。我看这就是我们整个国家的形象。难道六万万穷棒子不能在几十年内，通过自己的努力，变成一个社会主义的又富又强的国家吗？"②

在笔者看来，在"十七年"文学中，所谓的"农业题材"之所以成就最高，恐怕也正与上述政治/文化想象——特别是这一"形象"美学——的密切"支援"紧密相关。在此，我们不妨以柳青的《创业史》为例来继续我们的讨论——因为众所周知，这部小说不仅被公认为"农业题材"中的上佳之作，而且时人在评论这部小说时，也经常援引上述革命领袖有关"整个国家的形象"的论断来对小说作"互文性"

---

① 路金栋：《在农村生根、开花、结果——写给下乡和回乡的知识青年》，《中国青年》1964 年第 2 期。

② 毛泽东：《〈中国农村的社会主义高潮〉的按语》，《毛泽东选集》（第五卷），人民出版社，1977，第 227 页。

阐释，更兼其人其作又与路遥有着千丝万缕的联系①，所以对我们的讨

---

① 关于路遥与柳青的关系问题，本文在此略作梳理如下：路遥曾称柳青和秦兆
阳为他的"两位导师"。[路遥：《早晨从中午开始》，收入《路遥文集》（第
5 卷），人民文学出版社，2005，第 289 页] 他说："在国内有两位前辈作家在
创作和创作生活上对我产生过极其重大的影响，一位是已故的柳青同志，一
位是健在的秦兆阳同志，他们对文学和从事这个事业都有着深刻的理解和抱
有一种令人尊敬的严肃态度。"（路遥：《关于〈人生〉和阎纲的通信》，《文
艺报》1982 年 9 月 10 日）在谈起他最喜欢的作品时，路遥表示："喜欢中国
的《红楼梦》、鲁迅的全部著作和柳青的《创业史》。"（路遥：《答〈延河〉
编辑部问》，《延河》1985 年第 3 期）当路遥试图避开《人生》发表之后所引
起的轰动、潜心于《平凡的世界》的创作的时候，他为自己拟定了一个庞大
的读书计划，在待读的长篇小说中，"外国作品占了绝大部分"。[路遥：《早
晨从中午开始》，收入《路遥文集》（第 5 卷），人民文学出版社，2005，第
261 页] 而他拟重点研读的中国作品，只包括《红楼梦》和《创业史》，他
说："这是我第三次阅读《红楼梦》，第七次阅读《创业史》。"[路遥：《早晨
从中午开始》，收入《路遥文集》（第 5 卷），人民文学出版社，2005，第 261
页] 路遥于 1980 年代后半期开始《平凡的世界》的创作，《人生》发表于
1982 年，由此，我们当可推算，路遥在创作《人生》的时候，即应已"熟
读"了《创业史》。
　　的确，无论是对《创业史》还是对柳青，路遥都评价甚高，他说："真
的，在我国当代文学中，还没有一部书能像《创业史》那样提供了十几个乃
至几十个真实的、不和历史上和现实中已有的艺术典型相雷同的典型。可以
指责这部书中的这一点不足和那一点错误，但从总体上看，它是能够传世的。
在作家逝世一年后的全国第四次文代会上，周扬同志所做的那个检阅式的报
告在谈到建国以来长篇小说的成就时，公正地把《创业史》列到了首席地位。
是的，在没有更辉煌的巨著出现之前，眼下这部作品是应该站有那个位置
的。"[路遥：《病危中的柳青》，收入《路遥文集》（第 5 卷），人民文学出版
社，2005，第 345 页] 在看他来，尽管柳青作品不多且还不完整，但其遗产
却是丰厚的："至于他那部未完成的史诗《创业史》，几乎耗去了他整个生命
的三分之一。尽管这座结构宏大的建筑物永远再不可能完整一体，而就其现
成的部分也不是完美无缺，但它仍然会让现在和以后的人们珍重。正如我们
现在站在雅典的神庙面前，尽管已经看不到一种完整的奇迹，但仅仅那些残
廊断柱就够让人惊叹不已了。"[路遥：《柳青的遗产》，收入《路遥文集》（第 5
卷），人民文学出版社，2005，第 351 页]
　　当然，《人生》与《创业史》最为直接的关联，莫过于小说《人生》从
标题到正文之前的"题记"，皆来自于《创业史》：（转下页注）

论来说，选择柳青作例子似乎也就理所当然。

　　熟悉中国当代文学史的人自然都清楚，当年的文坛，曾有这样一段公案——柳青的《创业史》发表之后，有人认为小说是以梁三老汉为中心①，对此言论，柳青异常"激愤"："当然，蛤蟆滩旧势力的几个代

　　（接上页注①）"人生的道路虽然漫长，但紧要处常常只有几步，特别是当人年轻的时候。没有一个人的生活道路是笔直的、没有岔道的。有些岔道口，譬如政治上的岔道口，事业上的岔道口，个人生活上的岔道口，你走错一步，可以影响人生的一个时期，也可以影响一生。"

　　当然路遥的引用与原著之间存在着有趣的裂隙，本书虽未直接处理这一问题，但本书所提供的分析，也许间接有助于对这一问题的理解。

　　另外，最近有论者在分析路遥与柳青的关系的时候，提出了一些有趣的论点。比如，有论者认为路遥对"现实主义"的坚守和对"城乡交叉地带"问题的敏感，表明"他非常清醒地利用了毛泽东关于'三个世界'划分的理论以及柳青作为'社会主义现实主义'的文学传统"。（杨庆祥：《路遥的自我姿态与写作意识——兼及1985前后'文学场'的历史分析》，《南方文坛》2007年第6期）路遥与"社会主义现实主义"之间当然有千丝万缕的联系，他对"农村"的爱恨交加也一直是研究者关注（或褒或贬）的中心，但是是否就可以由此得出结论，说他"非常清醒地""利用了毛泽东关于'三个世界'划分的理论"，却恐怕还是一个颇值得商榷的问题。

①　1961～1963年，严家炎连续发表三篇文章（《〈创业史〉第一部的突出成就》、《谈〈创业史〉中梁三老汉的形象》和《关于梁生宝形象》）评论《创业史》，"这三篇文章贯串着一个思想，就是从讲究艺术价值出发，强调梁三老汉的艺术成就和思想意义，相对地削弱梁生宝的思想意义和贬低这个人物的艺术成就。"（秦德林：《这样的谈艺术价值是恰当的吗？——评严家炎同志对〈创业史〉的评论》，《上海文学》1963年第11～12期）根据严家炎的看法，"梁三老汉虽然不属于正面英雄之列，但却具有巨大的社会意义和特有的艺术价值。作品对土改后农村阶级斗争和生活面貌的揭示的广度和深度，在很大程度上有赖于这个形象的完成。而从艺术上说，梁三老汉也正是在第一部中充分地完成了的、具有完整独立意义的形象。"（严家炎：《谈〈创业史〉中梁三老汉的形象》，《文学评论》1961年第3期）而在另一篇专论梁生宝形象的文章中，严家炎有如下观点。一、从"艺术性"而不是从"思想性"（所谓"作品里的理想上最先进的人物，并不一定就是最成功的艺术形象"）上肯定梁三老汉是作品里"最成功的"的"艺术形象"。二、梁生宝　（转下页注）

表人物是有社会根源的、老练的；互助合作事业既是新事情，又是艰巨的；主人公梁生宝是年轻的、单纯的，他被形势所逼，站出来在这场斗争中挂帅。他不能采取高增福那样的农民自发性斗争的方式。不能的！他要听党的话，采取由党领导的原则性的方式——做出榜样，提高群众的觉悟，以互助合作的优越性制服对立面。这样，他也符合小说第二部、第三部和第四部对主人公越来越重要的要求了。中国农村社会主义革命的内容要求这样一个主人公，篇幅浩繁的长篇小说也要求我这样安排主人公。'上梁不正下梁歪，中梁不正倒下来。'倒下来就是一摊子，成百个人物到底以谁为中心？中心思想又以谁为代表？有人说以梁三老汉为中心，这简直是胡说八道。"① 这里，柳青之所以会有欠"斯文"地骂出了"胡说八道"几个字，是因为在他看来，谁是小说的主人公和这位主人公具有怎样的"素质"，都绝不仅仅只是一个"文学"问题，相反，它是与中国农村的"社会主义革命"紧密联系在一起的——正如柳青在自述其创作目的的时候郑重指出的："《创业史》这部小说要向读者回答的是中国农村为什么会发生社会主义革命和这次革命是怎样进行的。回答要通过一个村庄的各阶级人物在合作化运动中的行动、思想和心理的变化过程表现出来。这个主题思想和这个题材范围的统一，构成了这部小说的具体内容。"② 也正是因为要描述的对象乃是中国农村的社会主义革命，所以这也就要求柳青写出与这一社会主义

（接上页注①）形象"思想"大于"艺术"，存在着"三多三不足"："写理念活动多，性格刻画不足（政治上成熟的程度更有点离开人物的实际条件）；外围烘托多，放在冲突中表现不足；抒情议论多，客观描绘不足。"（严家炎：《关于梁生宝形象》，《文学评论》1963 年第 3 期）

① 柳青：《美学笔记》，收入《柳青文集》（第 4 卷），人民文学出版社，2005，第 288 页。

② 柳青：《提出几个问题来讨论》，《延河》1963 年第 8 期。

革命相匹配的"社会主义新人"来。①

现在我们可以再回到关于董加耕的讨论了——在这样的语境之中再看董加耕，我们就会清楚地看到，他其实正身处有关中国农村的"社会主义理想"和"社会主义新人"话语之间，并积极投身其中，进行着此类话语的生产与再生产。

当然，即使到了董加耕的年代，对农村的这一"理想主义叙事"依然是一个"未完成的工程"，所以，当董加耕决定放弃继续深造的机会回乡务农时，他的选择也在同学们中引起了争议：

> 在学校里，有些老师出于对心爱学生的关怀，不同意加耕的选择，于是，一场辩论很自然地展开了。
>
> 有人问加耕："党培养你十几年，难道是要你回去扶犁拉耙的吗?"
>
> 加耕郑重答道："正因为党的培养教育，才使我懂得，一个青年应该根据革命的需要，决定自己的生活道路。不同时期有不同的第一线。解放前，第一线是在枪林弹雨的战场上；现在的第一线，就是广阔的农村，我到农村去不也是党所需要的吗?"
>
> 也有人对加耕说："青年人应该有远大的理想，你的理想到哪儿去了?"

① 当时，有"批评者认为把梁生宝这个共产党员、互助合作事业带头人描写为政治思想学习积极，精神状态高昂，迷恋于集体事业，就是离开了模特儿王家斌同志的基础了；说不把王家斌同志曾想买地写在梁生宝身上，就是'被不留痕迹地删去'了。"对此，柳青的回答毫不含糊："我的描写是有些气质不属于农民的东西，而属于无产阶级先锋队战士的东西。这是因为在我看来，梁生宝这类人物在农民生活中长大并继续生活在他们中间，但思想意识却有别于一般农民群众了。"（柳青：《提出几个问题来讨论》，《延河》1963年第8期）

　　加耕回答说："我回去是为了发动群众，共同搞好生产队，我一个人这样做了，其他在农村的人也这样做，把每一个生产队都搞好了，那么，整个农村、整个国家的面貌就改变了。这怎么说是没有理想呢？我认为这个理想不算小了。"

　　理想、大志对青年是多么重要啊！然而，多少年来，人们对理想、大志的理解，却很少和务农沾得上边。要改变这种传统的看法是多么不容易啊！何况又是加耕这样拔尖儿的好学生，现在真的要去务农了，怎么不会使有些人感到可惜呢？①

　　"多少年来，人们对理想、大志的理解，却很少和务农沾得上边。"——问题似乎与 1980 年代的高加林没什么不同。然而此一时期，由于存在上述关于农村的"社会主义理想"，所以人们对这一问题的回答，也就自有别样的路径——"知识青年到农村，要和农民群众一道进行阶级斗争、生产斗争和科学实验；要管天管地，管自然山川；要宣传革命理想，党的方针政策；要革'一穷二白'的命，革落后的命。显然，下乡知识青年的作用绝不仅仅是当个会计或记工员，更不是每年只交给国家三百多斤粮食。知识青年到农村，它将起到变革人们的陈旧思想观念，变革穷乡僻壤的旧农村面貌的重大历史作用。我们一定要透彻地认识这一点，算革命的大账。"② 所谓"算革命的大账"云云，其中所透露的，恰恰是与农村的"社会主义理想"联系在一起的某种"总体性"解决的视野；而要理解这一"总体性"解决之视野的发生与破灭，我们似乎还必须得讨论"知识"、"劳动"等

---

① 刘朝兰、穆纬铭、江涵：《新式农民董加耕》，《中国青年》1964 年第 1 期。
② 李泉：《算革命的大帐》，《中国青年》1964 年第 11 期。

相关概念的内涵在当代中国的变迁，以及由此造成的"乡土中国"的危机。

第二节 "知识"与"乡土中国"的危机

在考察"十七年"时期的"知青文学"时，杨健总结说：

> 从改霞（《创业史》）、李玉翠（《春种秋收》）到拴保、银环（《朝阳沟》），再到秀梅（《青松岭》）、焦淑红（《艳阳天》），农村知青形象随着不同时代的主流意识形态的发展，发生着变化。在20世纪50年代，她们由动摇、憧憬城市生活，发展为投身新农村的建设，积极参加合作化运动；在20世纪60年代，她们开始成为农村阶级斗争的尖兵。
>
> 在知青内部构成上，知青文学将农村知青与城市知青的关系，描写成教育与被教育的关系，在作品中它们往往被转喻为婚嫁关系；如《朝阳沟》中的下乡知青银环与回乡知青拴保，《春种秋收》中的回乡知青李玉翠与自学成才的知青周昌林。城市的依附于乡村的，知识多的依附于知识少的，形成逐级依随的关系。
>
> 知青文学将回乡知青与农村的关系隐喻为两性关系，回乡知青多数被描写为年轻知识女性，而领导她们进行阶级斗争的领导人是成熟的男性共产党员。年轻女性嫁给乡村男性，隐喻着知识青年与乡村的终身结合。这种结合同时也是她们与党组织的结合，如《我们村里的年轻人》中的孔淑贞与退伍军人高占武的结合，《艳阳天》中焦淑英（原文如此，似为"焦淑红"之误——引者注）

与党支书肖长春的结合。回乡知青与党组织的关系，有时也被转喻为女小辈与男长辈（老支书、老队长）的关系，如电影《耕云播雨》中肖淑英与关书记的关系，其中隐喻着回乡知青与乡村党组织的代父关系。①

杨健的归纳，相当准确地勾勒出了"十七年"时期城/乡、男/女的配置情况。以此为基础，我们似乎可以把杨健的归纳再推进一步：在"十七年"时期的文学中，投身农村的女知青（最有名的例子当推《朝阳沟》中的银环）一般都不会从事"劳动"——更准确地说是"体力劳动"，因此学会劳动便成了她们的首要任务。但是，城市知识青年不是有"知识"吗？他们为什么还需要去学习没有什么"技术含量"的"体力劳动"呢？

围绕着董家耕回乡务农事件的讨论，也触及到了这个问题："我们这代知识青年，是新型的革命的知识青年。什么叫新型的革命的？根据我们党和毛主席规定的教育方针，就是他们要坚决听党的话，走社会主义道路，他们是和工农相结合的，而不是和工农相脱离的，他们是和劳动相结合的，而不是和劳动相脱离的。知识青年有了很多书本知识，这是他们可以为革命服务的条件，但是，必须把他们的书本知识和工农群众的实际知识结合起来，才能算是完全的知识。归根到底，一个知识分子革命不革命，并不决定于读书多少，而主要看他是不是同工农相结合。"② 而要与工农相结合，最佳途径就是参加体力劳动。"青年要和工人、贫农、下中农相结合，还必须在同工农群众一起劳

---

① 杨健：《中国知青文学史》，中国工人出版社，2002，第30～31页。
② 《和工农结合的伟大革命方向》，《中国青年》1964年第8～9期合刊。

动中，努力使自己劳动化。轻视劳动、不劳而获是资产阶级和一切剥削阶级的共同特点。劳动则是工农群众的基本特征。青年要和工人、贫农、下中农变成一体，就要永远热爱劳动。特别是热爱体力劳动，参加体力劳动。"①

如果我们对毛泽东时代的"教育"状况稍有了解，便会知道，这种对"生产劳动"的强调甚至"崇拜"，亦自有其发展脉络。对毛泽东时代的教育思想及其实践状况作出全面的评价，这显然并非本书的任务所在。在此，本书只能尝试就其中的某些关节作一些梳理和初步分析。

自新中国成立以来，教育为培养"工农出身的新型知识分子"服务的方针，便被确立下来。② 既然是"工农出身"的"新型知识分子"，那么其评价标准便不能与"旧知识分子"相同，由此，自1950年代初以来，一种看待知识的新观点逐渐成形。依照这种观点，学生在学校里、课本上学到了知识，但这并不够，而且这样的知识还很容易滋长学生看不起体力劳动和体力劳动者的"剥削阶级

---

① 《青年革命化的首要问题》，《中国青年》1964 年第 12 期。

② 1950 年 2 月 20 日，教育部副部长钱俊瑞在全国学联扩大执委会上作《改革旧教育、建设新教育》的报告。钱俊瑞指出了在当时和此后若干年内，教育工作应该着重做到的几条，其中第一条是："各级学校向工农劳动人民开门，着重推行劳动者的业余补习教育，准备普及成人识字教育，培养工农出身的新型的知识分子。"1950 年 6 月 1～9 日，教育部在北京召开第一次全国高等教育会议。"会议讨论了改造高等教育的方针和新中国高等教育建设的方向。会议指出，新中国的高等教育应该以理论与实践一致的方法，培养具有高度文化水平的、掌握现代科学和技术成就的、全心全意为人民服务的、高级的国家建设人才；准备和开始吸收工农干部和工农青年进高等学校，以培养工农出身的新型知识分子。"（中央教育科学研究所编《中华人民共和国教育大事记（1949～1982)》，教育科学出版社，1984，第 14、19 页）

思想"。而为了完善学生的知识，并克服鄙视体力劳动和体力劳动者的不良思想，组织学生进行生产劳动就变得非常有必要了。①

1958年，时任中共中央宣传部长的陆定一发表了题为《教育必须与生产劳动相结合》的文章，从理论上对这种观点作出了细致的阐释与发挥。

他首先从"什么是知识"这一点展开论述："教育首先是传授和学习知识。但什么是知识？传授和学习的目的是什么？对这些问题，我们

---

① 1954年5月24日，中共中央批发教育部党组《关于解决高小和初中毕业生学习与从事生产劳动问题的请示报告》等文件。中共中央指出：小学教育应该是国民义务教育性质。升学深造的只是其中的一小部分，绝大多数都应该从事工农业及其他劳动生产。目前中、小学毕业生中之所以普遍存在紧张的升学问题，主要是由于过去几年中央教育部对中、小学教育的指导思想上有忽视劳动教育的偏向，在教学改革中，在教师思想改造中，都没有着重批判鄙视体力劳动和体力劳动者的剥削阶级的教育思想，也没有向广大群众和学生明确地阐明中、小学教育的性质和任务，使旧中国遗留下来的鄙视体力劳动和体力劳动者的错误教育思想，继续支配着广大教师和学生。这是中、小学教育方针上的一个带原则性的错误。1955年4月12日，中共中央转发教育部党组《关于初中和高小毕业生从事生产劳动的宣传教育工作的报告》。教育部党组报告提出：（1）中小学校必须进一步加强劳动教育。除注意培养学生劳动观点和劳动习惯外，还应当注意进行综合技术教育，使学生从理论和实践上懂得一些工农业生产的基础知识。（2）继续深入地、广泛地、全面地向广大群众进行社会宣传工作，树立劳动光荣的社会舆论和尊重劳动的社会风气。（3）动员中学毕业生参加生产劳动，必须做好组织安排工作。中共中央指示说：今后在相当长的时间内，中小学毕业生中不能升学的还会有相当大的数量，为升学而引起的紧张状态在一定时期内还会存在。因此，各地党委和政府必须继续加强对中小学毕业生从事生产劳动的宣传教育工作和组织安排工作。4月19日，中共中央又批转了青年团中央《关于组织高小和初中毕业生从事农业劳动和进行自学的报告》。中共中央批示说：农村中广大的高小毕业生和初中毕业生，是农业生产互助合作运动和农村文化工作中的一支重要力量和后备军，因之，必须积极动员和组织他们参加农业劳动，进行农业技术和文化学习，使他们在农业战线上发挥积极作用，并有计划地把他们培养成为农村社会主义改造和建设方面有用的人才。（马齐彬、陈文斌等编写《中国共产党执政四十年》，中共党史资料出版社，1989，第77、94～95页）

共产党人的理解是同资产阶级的理解不一样的。大多数资产阶级教育学者认为，只有书本知识才是知识，实践的经验不算知识。所以，他们认为，教育就是读书，读书越多的人就越有知识，有书本知识的人就高人一等。至于生产劳动，尤其是体力劳动和体力劳动者，那是下贱的。资产阶级教育学者中的另外一些人，则认为教育即是生活，生活即是教育。他们既不把生活理解为阶级斗争和生产斗争的实践，又不强调理论的重要性，因而实际上走到取消教育。资产阶级的上述两种看来似乎绝对相反的观点，来自一个共同的根源。他们说，人是没有阶级之分的，教育学是一门超阶级的学问。"① 在陆定一看来，社会主义教育所要教授的"知识"，绝不应仅仅局限于"书本"；如果没有实践经验，没有"阶级斗争"或者"理论"学习，那么这样的"知识"就不仅是残缺的，而且在意识形态上还是可疑甚至有害的。②

因此，社会主义教育的目标，就应该是"书本知识"与"阶级斗争"、"生产斗争"的结合，就应该是"打造"打破了体力劳动和脑力劳动界限的"全面发展"的"新人"：

---

① 陆定一：《教育必须与生产劳动相结合》，《陆定一文集》，人民出版社，1992，第583页。

② 当然，这样一种对"知识"种类的划分，也自有其根源——1942年，毛泽东在《整顿党的作风》上的讲话中指出："什么是知识？自从有阶级的社会存在以来，世界上的知识只有两门，一门叫做生产斗争知识，一门叫做阶级斗争知识。自然科学、社会科学，就是这两门知识的结晶，哲学则是关于自然知识和社会知识的概括和总结。此外还有什么知识呢？没有了。我们现在看看一些学生，看看那些同社会实际活动完全脱离关系的学校里面出身的学生，他们的状况是怎么样呢？一个人从那样的小学一直读到那样的大学，毕业了，算有知识了。但是他有的只是书本上的知识，还没有参加任何实际活动，还没有把自己学得的知识应用到生活的任何部门里去。象这样的人是否可以算得一个完全的知识分子？我以为很难，因为他的知识还不完全。"（毛泽东：《整顿党的作风》，《毛泽东选集》（一卷本），人民出版社，1964，第773～774页）

　　几年来教育工作中的争论，归根到底，集中地表现在"什么是全面发展"这个问题上面。"培养全面发展的人类"，是马克思主义者所主张的，马克思主义者主张经过教育来达到这个目的。我们的教育工作者，常常谈全面发展，这是好的。但是，对于"全面发展"的理解，却有原则的分歧。从我国九年的教育工作的经验来看，资产阶级教育学者并不直接地公开地反对全面发展，他们甚至似乎是"积极拥护"这个方针的，但是他们主张把全面发展片面地了解为使学生具有广博的书本知识，同时却既不主张学生学习政治，又不主张学生参加生产劳动。这就实际上把全面发展庸俗化，使它等同于资产阶级的所谓培养"通才"的教育方针。我们共产党人，对于全面发展的了解，包含着这样一个根本内容，就是使学生们有比较广博的知识，成为多面手，能够"根据社会的需要或他们自己的爱好，轮流从一个生产部门转到另一个生产部门"。（恩格斯：《共产主义原理》）我们主张工人在工业生产中成为多面手，农民在农业生产中成为多面手，并且主张工人兼农民，农民兼工人，主张公民服兵役，军人退伍又成为生产者，主张干部参加劳动，生产者参加管理，这些主张已经在逐步实行。这种既有分工又能转业的办法，适合于社会的需要，比资本主义制度下的分工合理得多，不仅增加了生产，而且在社会发生某种需要的时候，国家可以合理地调配生产力而不会引起社会的震动……全面发展所包含的另一个根本的内容，是学生所学到的知识，须是比较完全的知识，而不是片面性的不完全的知识。这就必须实行教育为政治服务，教育与生产劳动相结合。马克思对于他所理想的未来教育说："这种教育使每一个已达一定年龄的儿童，都把生产劳动和智育体育结合起来，这不仅是增加社会生产的一个方法，并且是培养全面发展的人类的唯一方法。"(《资本论》第一卷)这就是说,要求学生学到比较完全的知识,不但能够用脑来劳动,而且还能够用手来劳动。仅仅有书本知识,不论怎样广博,还是片面性的不完全的知识。没有实际工作经验而只有很多书本知识的人,只是资产阶级的所谓"通才",并不是我们所称的全面发展的人。儿童时期需要发展身体,这种发展是要健全的。儿童时期需要发展共产主义的情操、风格和集体英雄主义的气概,就是我们时代的德育。这二者同智育是联结一道的。二者都同从事劳动有关,所以教育与劳动结合的原则是不可移易的。总结以上所说,我们所主张的全面发展,是要使学生得到比较完全的和比较广博的知识,发展健全的身体,发展共产主义的道德。毛泽东同志在《关于正确处理人民内部矛盾的问题》中说:"我们的教育方针,应该使受教育者在德育、智育、体育几方面都得到发展,成为有社会主义觉悟的有文化的劳动者。"这就是全面发展的教育方针。"有社会主义觉悟的有文化的劳动者",就是既懂政治,又有文化;既能从事脑力劳动,又能从事体力劳动的人。这就是全面发展的人,就是又红又专的人,就是工人化的知识分子,就是知识分子化的工人。[1]

陆定一说得很清楚,所谓"有社会主义觉悟的有文化的劳动者",就是"既懂政治,又有文化;既能从事脑力劳动,又能从事体力劳动的人"。值得注意的是"劳动"在其中所扮演的角色。显然,"劳动"——"体力劳动",是人们在"书本知识"和"文化"之外,需

---

[1] 毛泽东:《整顿党的作风》,《毛泽东选集》(一卷本),人民出版社,1964,第589～591页。

要掌握的另一门极为重要的基本"技能"。但是更为重要的是，"体力劳动"又绝非仅仅是某种有待掌握的"技能"，它的重要意义更在于，它乃是保证"有文化"者获取"社会主义觉悟"，进而实现"脑力劳动"与"体力劳动"相结合的神圣"中介"——因此正如有人所评论的，在毛泽东时代，"党内的激进知识分子们相信，学校里的劳动应该还具有某种额外的、深刻的价值———一种伦理上的重要品性。马克思认为，是有条不紊然而又很艰苦的工业劳动帮助塑造了无产阶级的阶级意识；而在中国的左派看来，帮助塑造无产阶级阶级意识的，则是甜蜜而又能锻炼人的艰苦的体力劳动。"①

　　而由"有社会主义觉悟的有文化的劳动者"这一表述方式中，我们似乎也恰能离析出"社会主义觉悟"与"文化"的结合——我们是不是可以说，杨健所概括的"十七年""知青文学"的男女婚嫁模式，其实也正反映了这一"社会主义觉悟"与"文化"相结合的时代冲动？而有"文化"的城市女知青和有"社会主义觉悟"的男性共产党员的成功结合，是否也正可以创造出一个新的农村、一种新型的知识分子？

　　在将我们的讨论转移到《人生》之前，我想先引入对另一部发表在《人生》之前、主题与《人生》类似的小说——《蹉跎岁月》② ——的

---

① Jonathan Unger. *Education under Mao*：*Class and Competition in Canton Schools*，1960 – 1980. New York：Columbia University Press，1982. p. 56.

② 叶辛：《蹉跎岁月》，《收获》1980 年第 5～6 期。这部小说在发表之后销量惊人、影响巨大，后来叶辛回忆说：

　　记得《蹉跎岁月》刚刚出版的时候，由于先在《收获》杂志上发表，已经获得了好评；也由于广播里及时作了小说连播，有了一定的影响；更由于我所描绘的知识青年插队落户的年月，刚过去不久，很多从乡村、边疆、农场回归都市的知青，对那段日子记忆犹新。故而小说出版不到一年，就连续印了 3 次，共印了 37 万册。

（转下页注）

讨论。《蹉跎岁月》以批判"血统论"为旨归,讲述了两位知青柯碧舟和杜见春的爱情经历。故事倒也算不上奇特,但在柯、杜两人的爱情纠葛之中发生的一件事,倒是值得特别说道说道:故事开始时尚无"出身问题"的女知青杜见春,本已对偶然相遇的邻队男知青柯碧舟心生爱慕,但在听说柯"出身"不好之后,便决然斩断情丝;后来,杜见春本人亦为"出身问题"所累——柯、杜两人在交往方面的"身份"障碍也因之消除。恰在这时,原本救柯碧舟于患难之中并与之渐生情愫而马上就准备共结连理的乡村姑娘邵玉蓉,却突然"意外死亡"。其后,同病相怜的柯碧舟与杜见春终于再度结合。

本书的关注点,就在于邵玉蓉的"意外死亡"——事实上,无论是小说还是后来根据小说改编的同名电视剧,在对邵玉蓉之死的处理

(接上页注②)遂而小说被改编成电视连续剧在中央电视台播出,出版社的老总告诉我,各地都在租纸型添印加印,总印数很快越过一百万册。那个年头我还住在贵阳,只见省城的很多小小的书摊上,也能买到《蹉跎岁月》。

有这样的印数,在当时也可称为畅销书了。

一晃二十多年过去了。在这二十多年的时间里,上世纪90年代初期、中期、世纪之交,《蹉跎岁月》一次一次地被中国青年出版社、江苏文艺出版社、贵州人民出版社、广东旅游出版社安排重印,或是分别被编进《叶辛代表作系列》、《当代名家精品》、《叶辛文集》、《叶辛知青作品总集》之中,每一次重印,印数不能算多,但最少一个版本,也印了一万册。今年年初,人民文学出版社又一次和我签下合同,希望在5月全国上市,再次推出一个崭新的《蹉跎岁月》版本。我问,那一段日子已经过去了很久,还有人要读吗?他们说,我们作过市场调查,这本书还会有销路,至少印一万册是没有问题的。况且,我们希望《蹉跎岁月》能成为一本常销书。(叶辛:《〈蹉跎岁月〉的命运》,《新民晚报》2004年6月14日)

而当年刊载该小说的杂志《收获》,也因为它而创下了销售纪录:"刊登《蹉跎岁月》上半部分时,《收获》印了50多万份,1980年第六期刊登下半部分时,《收获》发行了110万份,这是《收获》发行最高峰。"(《三十年中国式写作:爆破〈收获〉与文学30年》,http://www.china.com.cn/book/txt/2008-12/23/content_16994637.htm)

上，都未能令人信服。① 此外，当时的评论文章主要关注的，还是作为主角的柯碧舟和杜见春；而在谈及邵玉蓉的时候，则往往对她所葆有的"山里人"的朴实等"美德"大加赞美②——邵玉蓉也因此被牢牢地定位为一位"村姑"③。当然，这样的情节安排，大概与叶辛在创作之初即打算"成全"柯、杜二人脱不了干系。④

---

① 比如，在谈到叶辛创作的缺点时，有论者认为他"有时在故事情节安排上，还存在明显的雕琢痕迹，为了曲折而追求离奇。如《蹉跎岁月》里邵玉蓉爱上了柯碧舟，然而作品最终是要写柯碧舟与杜见春的结合，这个第三者邵玉蓉怎么处理呢？作者安排她被老虎咬伤致死，这样解决了三方关系的矛盾。但是，即使贵州山区猛兽很多，然而老虎能在村寨附近出现，而且竟把人咬死，这是很难令人相信的。"（郝瑢：《叶辛创作管窥》，《新文学论丛》1983年第1期）罗声亦有同样的看法。（罗声：《岁月蹉跎　人自进取》，《山花》1983年第2期）

② 罗声认为："《蹉跎岁月》是一部生活内容厚实而又真实动人的作品。其突出成就是，它在人物塑造方面具有鲜明的特色。自然，肖永川、唐惠娟、华雯雯，这是三个真实而具有一定社会意义的知识青年形象，作者对他们生活中的坎坷，寄寓了深切的同情。至于邵玉蓉，则是一位质朴善良和温柔美丽的山寨姑娘，在她身上明显地浸润着作家的某种审美理想。然而，《蹉跎岁月》的主要价值，却是对柯碧舟和杜见春这两个艺术形象的着力塑造。""当然，柯碧舟的信念和毅力的恢复，多亏了邵大山、邵思语和邵玉蓉这三个朴实的山乡人。"（罗声：《岁月蹉跎　人自进取》，《山花》1983年第2期）

③ 郝瑢评论说："在柯碧舟濒临死亡的边缘时，好心的老农邵大山父女救了他。村姑邵玉蓉又以纯朴火热的感情温暖着他那重创的心灵。"（郝瑢：《叶辛创作管窥》，《新文学论丛》1983年第1期）

④ 据叶辛自述，《蹉跎岁月》的构思，来自与别人的一次闲聊。闲聊之中，有人讲了一个"血统论"所造成的悲剧。"听者有心"，叶辛事后即将此事记在了随身带的本子上，但决定在创作小说时变"悲剧"为"喜剧"。"这件事可以写成长篇小说，而且结尾一定要让这两个人好。"而其间的动机，据叶辛解释，则不仅是因为他听到过情节类似但结局却圆满的故事，"更主要的，是我自己脑子里，觉得他们应该好下去，好下去才更能表现我的主题"。（叶辛：《三个开头和三个结尾——谈我的长篇近作〈我们这一代年轻人〉、〈风凛冽〉和〈蹉跎岁月〉的开头和结尾》，《春风》1981年第6期）

然而，颇值得一提的是，这位"村姑"邵玉蓉，却原来还是她所在"大队培养的气象员"——小说里有一段对邵玉蓉"闺房"的描写：

> 他（柯碧舟——引者注）发现，邵玉蓉家的这间小屋，特别整洁干净。屋内光线充足，用石灰水刷得粉白的墙上，画着一张"风力等级表"。等级表旁边，还抄录着数十条看天农谚，这些农谚又分门别类，划为预测晴雨、预测风、预测寒暖、以物象测天几种，柯碧舟迎头看到一句'河里鱼打花，天天有雨下'，觉得这句农谚既生动、又形象，就是抄在白纸上的黑毛笔字，也显得很娟秀。

既有"现代"的"风力等级表"，又有"传统"的"看天农谚"——毛泽东时代"土洋结合"、"两条腿走路"的发展构想，似乎还依稀可见。但是在小说里，这样突出邵玉蓉"大队培养的气象员"身份的段落，却又非常少见；由此，论者一致指认邵玉蓉为"村姑"，倒也是有根有据的。

之所以要对邵玉蓉是"大队培养的气象员"这一点作出特别提示，是因为提到乡村里的"气象员"，我们马上便会想起作家李准1960年创造的那位公社女气象员形象——萧淑英[1]（杨健的论述里提到的，是根据该小说改编的电影），正是她，在书记和社员群众的支持下，成功地掌握了天气预测的知识，为社员群众提供了有效的服务。而在当时的评论家看来，萧淑英这一形象，正完美地体现了"有社会主义觉悟的

---

[1] 李准：《耕云记》，《人民文学》1960年第9期。

有文化的劳动者"的精神风貌。①

就是因为有了"萧淑英"的存在，"大队培养的气象员"邵玉蓉的"意外死亡"，才具有了深刻的"象征"意义。因为按照小说的情节发展，邵玉蓉与柯碧舟的结合原本是呼之欲出、合情合理的，但现在小说却置情节的逻辑性于不顾，强行安排了邵玉蓉的"意外死亡"——一位兼具"大队培养的气象员"和"村姑"身份的农村姑娘被如此"暴力"地判处了死刑，同时被宣判死刑的，似乎更是"社会主义觉悟"与"文化"相结合的可能性——历史发展到这里，似乎也正预示了《人生》中巧珍的出现。

现在我们可以来看《人生》中高加林与巧珍的爱情了。对照杨建所归纳的模式，《人生》中的一个明显变化是，与此前女知青依靠乡村男性"引导"不同，巧珍似乎颇有"依附"加林之感，并且，她还总是觉得委屈了高加林。小说中有这样一段话，颇能见出两人的关系：

> 巧珍是骄傲的：让众人看看吧！她，一个不识字的农村姑娘，

---

① 黄沫认为："知识分子劳动化和劳动人民知识化，是我国文化革命中互相结合的两翼。当知识分子和劳动人民相结合，特别是当劳动人民自己掌握了文化知识，从劳动人民中间培养出大量的新型知识分子的时候，知识就成为改造世界的伟大力量。《耕云记》里的主人公萧淑英就是一个在农村的文化技术革命中成长起来的青年科学技术人才的形象。""当前支援农业的伟大运动中，萧淑英这类形象具有很大的意义。今天的农村，是一切抱有改造世界的雄心大志的英雄们的用武之地，是革命知识分子发挥聪明才智的广阔天地。我们需要用文艺的'生活教科书'，吸引青年一代，到农村去，到迫切需要他们的工作岗位去，同广大农民一起，和困难作斗争，用自己的双手建设起现代化的社会主义农村；还要告诉他们，我们的农村是一个可以让人们充分地施展才能的无限广阔的空间。毛主席说：'一张白纸，没有负担，好写最新最美的文字，好画最新最美的图画'……同时，在农村工作中可以向劳动人民学到很多东西，在改造世界的过程中改造自己，把自己锻炼成为共产主义的新人。"（黄沫：《〈耕云记〉的思想意义》，《文艺报》1960年第20期）

正和一个多才多艺、强壮标致的"先生",相跟着去县城了！

加林是骄傲的：让一村满川的庄稼人看看吧！大马河川里最俊的姑娘，著名的"财神爷"刘立本的女儿，正象一只可爱的小羊羔一般，温顺地跟在他的身边！

巧珍"一个字不识"，但是"大马河川里最俊的姑娘"，且现在"正象一只可爱的小羊羔一般"（事实上，小说所极力强调的，也正是巧珍的"温柔"、"美丽"、"善良"）依偎在高加林这位"多才多艺、强壮标致的'先生'"身边——一方面，我们当然不难由"可爱的小羊羔"这一比喻中看出小说所流露出的男性狂想；另一方面，这一男性狂想之得以实现，又恰恰是以男性对"知识"的占有（"先生"）为前提的——"知识"在此呈现出某种"霸道"的面貌。

而"知识"在此时能够以一种"霸道"面貌呈现，自然与此一时期的"知识状况"密不可分：一方面，"新时期"的教育政策，已确定要走"精英教育"的路线①；另一方面，随着这一教育方向的转变，"体力劳动"的位置似也逐渐开始变得尴尬——《人生》中，当高加林从被排挤出"公职"的沮丧中走出、准备下地劳动时，"像和什么人赌气似的，他穿了一身最破烂的衣服，还给腰里束了一根草绳，首先把自

① 1977 年 5 月 24 日，邓小平同王震、邓力群谈话……当谈到科技和教育问题的时候，邓小平说，靠空讲不能实现现代化，必须有知识，有人才。一定要在党内造成一种空气：尊重知识、尊重人才。不论脑力劳动，体力劳动，都是劳动。要重视从事脑力劳动的劳动者。办教育必须两条腿走路，既注意普及，又注意提高。要办重点小学、重点中学、重点大学。要经过严格考试，把最优秀的人集中在重点中学和大学。1978 年 6 月 23 日，邓小平在听取清华大学工作汇报时指出，"教育就是要抓重点"。"学校要办成学校，学校要按学校的要求办。"（马齐彬、陈文斌等编写《中国共产党执政四十年》，中共党史资料出版社，1989，第 418、429 页）

己的外表'化装'成了个农民"。如果与前面我们关于毛泽东时代"劳动"崇拜的讨论加以对比，则高加林这里对"劳动"的"戏拟"态度，就显得让人非常吃惊了，因为它第一次以一种"玩世不恭"的态度来对"劳动"加以"修饰"。

既然"劳动"对于"知识"的"净化"／"升华"作用现在已经遭到"去魅"，那么一旦高加林脱离了需要"劳动"的环境，"知识"的"霸道"便会迅速地显露出来。高加林进城之后，巧珍来看他，两人相处，却是"话不投机半句多"：

巧珍看见加林脸上不高兴，马上不说狗皮褥子了。但她一时又不知该说什么，就随口说："三星已经开了拖拉机，巧玲教上书了，她没考上大学。"

"这些三星都给我说了，我已经知道了。"

"咱们庄的水井修好了！堰子也加高了。"

"嗯……"

"你们家的老母猪下了十二个猪娃，一个被老母猪压死了，还剩下……"

"哎呀，这还要往下说哩？不是剩下十一个了吗？你喝水！"

"是剩下十一个了。可是，第二天又死了一个……"

"哎呀哎呀！你快别说了！"加林烦躁地从桌子上拉起一张报纸，脸对着，但并不看。他想起刚才和亚萍那些海阔天空的讨论，多有意思！现在听巧珍说的都是这些叫人感到乏味的话；他心里不免涌上了一股说不出的滋味。

巧珍看见他对自己这样烦躁，不知她哪一句话没说对，她并不知道加林现在心里想什么，但感觉他似乎对她不像以前那样亲热了。

再说些什么呢？她自己也不知道了。她除过这些事，还再能说些什么！她决说不出十四种新能源和可再生能源的复合能源！

作者在这里的态度，应该说是"客观"的——一方面，他当然觉得高加林和巧珍"话不投机"乃是正常的；但另一方面，对于巧珍无法与加林的"话语""接轨"，作者"客观"之余，似乎又有某种无奈和惋惜的情绪夹杂其间——实际上，正如我们在后面将要看到的，将巧珍塑造成"乡土中国"之美德的完美体现，正是作者的自觉追求。

但是，这种"客观"的态度，又可能恰恰是非常可疑的——此处对"城/乡""话不投机"的描写，我们其实早在新中国成立之初便已有所领略：在萧也牧的小说《我们夫妇之间》①里，我们不是也能看到这样的描写吗？而当年该小说受批判的时候，丁玲曾一针见血地指出了小说的要害所在："李克实际上是个很讨厌的知识分子。他最使人讨厌的地方，倒不是他有一些知识分子爱吃点好的，好抽烟，或喜欢爵士乐音乐的坏习惯，或是其他一般知识分子的缺点。最使人讨厌的是：他高高在上地欣赏他的老婆的优点哪，缺点哪，或者假装出来的什么诚恳的流泪了啊，感动了啦，或者硬着脖子，吊着嗓子向老婆歌颂几句在政治上我是远不如你啊，或者就又像一个高贵的人儿一样，在讽刺完了以后，又俯下头去，吻着她的脸啦……李克最使人讨厌的地方，就是他装出一个高明的样子，嬉皮笑脸来玩弄他的老婆——一个工农出身的革命干部。"②因此"叙事视角"的问题，其实就正是"文化政治"的问

---

① 萧也牧：《我们夫妇之间》，《人民文学》1950年第1卷第3期。
② 丁玲：《作为一种倾向来看——给萧也牧同志的一封信》，《文艺报》1951年第4卷第8期。

题："小说中，小知识分子革命者李克居于'看'的地位，而李克的妻子却被设置为一个'被看'、'被欣赏'的叙事位置。叙事角度的'颠倒'，意味着文本的中心位置被有'问题'的小资知识分子人物占据，从而在叙述层面上破坏了主题的表达——李克的自我改造的姿态竟然是'居高临下'——这种被改造的姿态岂是权威意识形态所能容忍的？"①

因此《人生》中这段看似"客观"的描述，其实正构成了对毛泽东时代激进的文化政治所着力打造的"工农主体"位置的某种颠覆。现在，"工农主体"固然也还值得同情，但"知识分子主体"却并不见得就该卑躬屈膝。

问题的另一面，是路遥在小说中所表现出的对于农村的肯定和同情。"刘巧珍、德顺爷爷这两个人物，有些评论家指出我过于钟爱他们，这是有原因的。我本身就是农民的儿子，我在农村里长大，所以我对农民，像刘巧珍、德顺爷爷这样的人有一种深切的感情，我把他们当作我的父辈和兄弟姊妹一样，我是怀着这样一种感情来写这两个人物的……这两个人物，表现了我们这个国家、这个民族的一种传统的美德，一种在生活中的牺牲精神。我觉得，不管社会前进到怎样的地步，这种东西对我们永远是宝贵的。如果我们把这些东西简单地看作带有封建色彩的，现在已经不需要了，那么人类还有什么希望呢？不管发展到任何阶段，这样一种美好的品德，都是需要的，它是我们人类社会向前发展的最基本的保证。当然他们有他们的局限性，但这不是他们的责任，这是社会、历史各种原因给他们造成的一种局限性。"②

然而，此处为路遥所念念不忘的农村，似乎乃是一种充满了"田

---

① 余岱宗：《被规训的激情》，上海三联书店，2004，第11页。
② 路遥、王愚：《关于〈人生〉的对话》，《星火》1983年6月。

园牧歌"氛围的所在——德顺爷爷的小曲和传说，似乎正是这"田园牧歌"中最迷人的一段。然而，却也恰恰正是这"田园牧歌"，让人不禁对路遥的努力心生感慨。根据巴赫金的说法，"田园诗"的一大特点，正在于它的"无时间性"："文学乡土性的最根本的原则就是世代生活过程与有限的局部地区保持世世代代不可分割的联系，这一原则要求复现纯粹田园诗式的统一……这里不存在广阔而深刻的现实主义的升华，作品的意义在这里超越不了人物形象的社会历史的局限性。循环性在这里表现得异常突出，所以生长的肇始和生命的不断更新都被削弱了，脱离了历史的前进路径，甚至同历史的进步对立起来。如此一来，在这里生长就变成了生活毫无意义地在一处原地踏步，在历史的某一点上、在历史发展的某一水平上原地踏步。"①

历史在这里似乎又进入了新一轮的循环：如果说毛泽东时代的"农业题材"小说所力图完成的，正是将"外在"于"历史"的农村带入"历史"的"发展过程"之中②，那么现在我们看到的，却是农村的逐渐与"历史"相脱离并再次堕入无"发展"的"静止状态"之中。如果说当年梁生宝、董加耕们立志扎根农村，是因为他们将农村的社会主义现代化视为经过努力即可实现的愿景，那么现在，当这一愿景变得不再那么具有吸引力时，高加林能够做的，便只能是无限深情地缅怀那处于"田园牧歌"中的美好农村了。

在此，"历史"似乎并没有走向"未来"，反而有走向"远古"的

---

① 《巴赫金全集》（第三卷），河北教育出版社，1998，第429～430页。

② 李杨曾以《红旗谱》为例，详细分析了"革命叙事"将"田园诗"改造成"历史小说"的过程。详见李杨：《〈红旗谱〉——"成长小说"之一："时间"、"空间"与中国小说的现代转型》，收入李杨：《50～70年代中国文学经典再解读》，山东教育出版社，2003。

倾向——这，难道真的是路遥愿意看到的吗？

看来，"乡土中国"尽管值得留恋，但是当其面对"知识"以及"知识"背后的"现代化"蓝图时，它也就仅能够成为"怀念"的对象了。在"革命政治"的支撑之下，"乡土中国"曾经被表征为不仅是"乡土"的，而且还是"现代"的、"革命"的。如今，"革命政治"的退场，也就迅速抽空了"乡土中国"的"现代"、"革命"内涵，面对新一轮以城市为中心的"现代化"想象，"乡土中国"蜕变成为让人爱恨交织的符码，也就不令人感到惊奇了。

| 第五章 |

"孤独者"及其成因

对于高加林来说，告别"落后"的乡村、奔向"先进"的城市，投入以"知识"为代表的"现代化"的怀抱，这似乎是没有什么疑义的事；唯一令他感到难舍的，是"乡土中国"葆有的那些美好道德（尽管它是那么的落后）——按照路遥的想法，如果既能拥有"现代化"，又能保存乡村的"美德"，那才是堪称完美的规划。可是，现实的发展很快就表明，不但"现代化"与"美德"的融合看起来不大可能，它们两者反而还陷入了深刻的冲突之中。

第一节 回应"王润滋论题"

1983 年，王润滋的小说《鲁班的子孙》[①] 一发表，便引起了巨大的争议。

《鲁班的子孙》的故事核心乃是"父子冲突"，而这冲突，又是在经历了三次父子之间的碰撞之后达到高峰的：第一次，集体的木匠铺马

---

① 王润滋：《鲁班的子孙》，《文汇月刊》1983 年第 8 期。

上就要倒闭了，老木匠等待着自己儿子的归来，想靠他来使之起死回生，但儿子拒绝了，他要自己单干；第二次，老木匠老实无用的徒弟富宽在集体的木匠铺倒闭后，生活困难，老木匠希望儿子能拉他一把，但儿子害怕被拖累，最终再度拒绝了；第三次，小木匠私营的木匠铺开业之后，不愿再免费为乡邻们做小修小补，而是立起了一块价格牌，对各种服务明码标价——至此，老木匠忍了多时的火气终于一举爆发，他亲自动手砸了那块价格牌，而儿子也就此离家出走。

老木匠看不惯儿子的所作所为，这自然是有其原因的。小说里交代得很清楚，老木匠收徒弟，第一课讲的就是"鲁班的故事"。他认为，一个好木匠，"良心"、"手艺"，缺一不可——他希望儿子拉困顿中的乡邻一把，他认为帮乡邻小修小补没有收钱的道理，这无疑都是"师德"、"良心"的体现。

毫无疑问，老木匠的这一态度，与"农村正处在由自给自足经济向大规模商品生产，由传统农业向现代农业发展的历史性转折之中"这一"八十年代中国农民从事经济活动的一个总的背景"① 恰好背道而驰。而根据这一基本判断，像小木匠这样的人物，原本是应该被塑造成"正面人物"和"新人"的；可是在小说里，作者却"爱憎分明"，对老木匠既有同情又有理解，对小木匠所代表的"历史趋势"，则并未表现出什么热情。

也正是基于此，当时的评论家们对该小说所代表的思想倾向进行了言辞激烈的批判。曾镇南指出："黄家沟木匠铺的盛衰兴废，绝不是单单由人们献身社会公益的高尚道德感的强弱支配的，而是被历史运动的客观法则决定的……在这方面，我以为《鲁班的子孙》存在着为了宣

---

① 　人民日报评论员：《努力反映变革中的农村现实》，《人民日报》1984 年 4 月 2 日。

泄作者道德方面的主观义愤而牺牲了社会冲突蕴涵的历史内容的缺点。也就是说，作者在表现他纯洁峻烈的道德感的同时，在某些重要的方面稍稍失去了历史感。"[1] "在黄志亮的苦闷中，也有相当一部分内容是由于他的认识落在了急剧发展变化的历史运动后面而产生的。"[2] "黄志亮对现今'世道'，对决定这种'世道'趋向的客观的、不可抗拒的历史力量的困惑……这种困惑，当然是以偏概全的，说得严格一点，在政治上不正确的。"[3] 雷达的批评则更为严厉："作者把古朴的人情置于不能稍稍亵渎的神圣地位，却忘记了'价值规律'的无情，'新陈代谢'的无义。由于作者常常抑制不住自己维护传统道德的激情，他对黄志亮原谅了再原谅，不忍指出他的悲凉是落伍者的悲凉；而对黄秀川则是贬抑了再贬抑，不能全面地认识他，不惜把他处理成为一个被金钱腐蚀了灵魂的简单化人物。倘若作者能够从生活和创作实践中意识到并体现出传统道德不是永恒不变的，需要发展成为新的道德的话，这部作品的思想深度也许会更大一些。"[4]

上述批评颇具代表性，它们事实上已经勾勒出了"'历史'与'道德'的冲突"这一所谓"王润滋论题"的核心命题。[5] 而对于这一难

---

[1] 曾镇南：《也谈〈鲁班的子孙〉》，《文艺报》1983 年第 11 期。

[2] 曾镇南：《也谈〈鲁班的子孙〉》，《文艺报》1983 年第 11 期。

[3] 曾镇南：《也谈〈鲁班的子孙〉》，《文艺报》1983 年第 11 期。

[4] 雷达：《关于文学的思想深度的探讨——从〈河的子孙〉和〈鲁班的子孙〉谈起》，《光明日报》1984 年 1 月 19 日。

[5] 滕云对所谓"王润滋论题"有所归纳，认为它包括三个方面，即"文学创作与经济政策，历史的前进运动与作家的道德思考，农民意识与民族美德"。在这篇写于 1980 年代晚期的文章中，滕云试图为王润滋作出某些辩护。即便如此，他也认为，王润滋的创作，的确有其自身的问题："联系《鲁班的子孙》，我觉得确有一个问题可与作家商量。作家是不是更多把眼光专注于新形势下人们道德向下倾斜这一面了呢？他是否也应当关照在新形势下人心向未来、向新世界开放与提升的那一面呢？就从表现道德向下倾斜这一面说，（转下页注）

题，王润滋应该说是相当自觉的——身处小说发表之后所引起的争议漩涡之中，王润滋依然相当固执地认定：

> ……有的同志说，老木匠尽管有着善良美好的心灵，但从政策

（接上页注⑤）哪些属于真正的下滑沉溺，哪些属于看来丑陋却有某种合理性的蜕变？关于衡量道德向下倾斜的标准，是否只用传统的规范就够了？而传统的道德规范中哪些是仍有生命力、在新的历史时期中应发扬光大的部分，哪些是依附于宗法社会、不能适应新的社会发展阶段的部分？这些，作家在作品中似应表现得更有历史感。"另外，滕云还认为，王润滋创作本身的含糊性，是引发争议的重要原因："在我看来，王润滋的创作与对历史的道德化关照是并无干系的。但为什么使一些同志产生了疑义，从作品找可能有这么两个原因：一是王润滋基本上是从道德向下倾斜这个角度接触新生活形势下中国农民（以及城市人）精神发展的流向的，这当然不是不可以，但读者毕竟有理由要求作家有更开阔更高远的眼光。正如恩格斯所说，每一次革命的胜利（我们可以理解为历史的每一次大的跨步），都引起了道德上和精神上的巨大高涨，我国当前的改革，经济生活与社会生活的新变化，也极大地冲击着人们的道德与精神，既有相当程度的下滑，更有巨大的高涨。农民亦然。在新形势下'为好日子奋斗'的农民，固然有小生产者自私自利等劣根性变本加厉滋长的一面，不也有挣脱小生产者的精神旧茧，蜕变为现代文明的主人的一面吗？王润滋作品对后一面关注和表现得较少，这就容易导致一些同志的'创造性误解'。在这一点上，一些同志的'创造性误解'是可以使作家反观自身的。二是问题的复杂性还在于，王润滋近作暴露和谴责新形势下子一辈主人公们在经济活动或其他社会行为中表现出来的利欲熏心，是以父一辈主人公们的道德纯良作比衬的。如果说当代文学近年出现和流行某种'审父意识'的话，王润滋近作却有一种'认父意识'，《鲁班的子孙》是这样，《残桥》也是这样。良心与物欲的交战，言义与言利的冲突，是王润滋近作的贯串主题。言利且为物欲所淹的，是子一辈；言义而秉持良心的，则是父一辈。父一辈的道德、良心，是由传统的生活方式和价值取向决定的。子一辈的道德感失落、良心蒙垢，则是以当代社会生活发展的新趋势为背景的。而且，作家还以父一辈的道德观念和行为方式中体现出来的人生价值观，作为引导子一辈、纠正社会人心的方策。这一点在《鲁班的子孙》、《跟小儿子去》里都很突出，《残桥》中对桥的找寻，同样包含着这样的意向。这些都难怪部分读者会产生'创造性误解'，这也是可供作家反观自身的。"（滕云：《历史的前进运动与作家的道德思考——说说"王润滋论题"》，《文学评论》1987年第3期）

考虑他应该是一个阻碍改革的落后形象，而作者对他倾注的同情太多了；小木匠尽管钱迷心窍，但他应该是一个社会主义改革的新人形象，而作者对他的责难太多了。倘若从定义出发考虑问题，也许可能应该是如此的吧！然而生活中的大活人却并非是这样简单的啊！我写这两个形象的时候，努力不从主观愿望去考虑他们应该怎样怎样，而努力按照我所了解的生活中他们的本来面貌来描写和刻画。①

在王润滋这里，就文学"形象"而言，所谓"'历史'与'道德'的冲突"，就表现在"应然"与"实然"之间的"差距"之上。代表了"历史发展趋势"的"小木匠"们，本来"应该"是"正面人物"，可是"实际上"却被塑造成了"反面/非正面人物"；代表了"传统道德"的"老木匠"们，本来应该是"反面/非正面人物"，可是"实际

① 王润滋：《我比以往更加追求……——〈鲁班的子孙〉创作一得》，《中篇小说选刊》1984 年第 7 期。对于生活中新变的敏感，的确是王润滋创作的一大特色。"他的作品表现出一个作家的使命感，体现出强烈的忧患意识，紧贴当时的社会现实，关注中国刚刚开始的经济改革政策对普通人民的影响和由此引起的变化，尤其是对农民精神和心理层面的影响，这也是他的作品的一个主要内容特点。他以一个作家的敏感抓住社会历史转折期——中国 20 世纪 70 年代末到 80 年代初中期——作为小说的背景，此时'文化大革命'刚刚结束而经济改革亦刚开始，广大农村由'文化大革命'大锅饭开始转向新时期的包产到户，旧的时代正在结束，一个必然包含着精神'阵痛'和道德伦理混乱的新阶段也由此开始，这正是作家通过作品力求表现出来的时代特点。从这个角度来说，王润滋的小说作品是中国经济改革初期的一面镜子，映照出广大农民在这个转折时期经历的苦辣酸甜，以及物质生活和精神心理所经历的巨大变化。进而言之，王润滋的改革小说较早地把农村经济改革产生的各种影响和后果纳入作品之中，不但从人物经济地位的变化，而且从人们的心理落差上来考察改革得失，而当时其他作家很少涉及此主题内容。"（张清芳：《王润滋论》，《文艺争鸣》2009 年第 2 期）

上"却被塑造成了"正面人物"——而关键在于，不管从"理论"上情况是如何地"应该"如此，王润滋却认定，在"实际"生活之中，情况恰恰并不是一定如此的。

更为重要的是，王润滋在这里所抛出的"论题"，似乎恰好正中时代的"命门"，进而构成了此一时期文学创作中一个怎么也绕不过去的"路障"。面对着这一"论题"，人们似乎都得尝试给出自己的回应和解决办法。

比如，周克芹的小说《晚霞》①，其情节与《鲁班的子孙》几乎相同，也是一位讲"良心"的父亲与一个讲"商品经济"、"价值规律"的儿子的对立。但面对"难题"，作者的解决之道却十分突兀：先是上级领导突然出现，给了儿子一番"教导"；其后儿子发现父亲与其竞争对手彭二嫂在晚霞映照下相互依靠，小说于此便匆匆结尾。结尾处理得如此生涩，自然难逃精明的批评家的法眼。"它在艺术上并非无懈可击，如：乡、县二位书记的出场过于突兀，又无具体的性格描写，只扮演了点题的角色；彭二嫂的转变缺乏内在的性格依据，在庄氏父子之争中插进当寡妇的她与鳏夫老庄的感情纠葛，虽然有助于表现生活的多色彩、复杂化，但也多少有损于作品主题的严肃性；结尾的'光明'似乎是公案与私情相妥协的结果。总之，用上级领导出面训导和让冲突双方亲缘化（彭二嫂与老庄'相好'，导致小庄与她带上亲缘关系）以解决矛盾的写法，难免有取巧之讥。"②

---

① 周克芹：《晚霞》，《长安》1984 年第 7 期。

② 西龙：《〈晚霞〉的思想和艺术》，《作品与争鸣》1984 年第 10 期。值得一提的，还有另外一篇情节构成与《鲁班的子孙》相似的小说——《清凉的沙水河》（《山西文学》1984 年第 4 期）。论者对其中老一辈和子一辈的评价，与人们对《鲁班的子孙》的评价亦同："我不赞成你把全部同情倾注在老银土一边而不能自拔。老银土重信义的正直人品当然值得肯定。但他的社会 （转下页注）

与周克芹的拙于应对不同，贾平凹的创作，显示出了另外一种应对方式。

从 1983 年到 1984 年，在短短的两年时间里，贾平凹连续推出三部反映新时期农村变革的中篇小说：《小月前本》、《鸡窝洼的人家》和《腊月·正月》。① 如果我们参看贾平凹的自述，就会发现，他创作这三部小说的初衷，与所谓"王润滋论题"实在有着不谋而合之处：

> ……中国正处于振兴年代，改造和扬弃了保护落后的经济、求其均衡的政策，着眼于扶助先进的经济，发展商业和金融。应该说，党是英明的，政策是正确的。但在中国，自有它的历史传统，自有它的道德观念，势必这一振兴会出现许许多多的问题。而在具体的商州，偏僻，闭塞，它同别的地方一样，矛盾的出现再不是单一的，而是错综复杂的。比如对于土地的观念，对于道德的观念，老一辈农民和新一辈农民的差异，新一辈农民中又出现的新的差异，等等。这些问题贯穿、渗透在商州的每一个县，每一个村寨，甚至每一个人，构成了新的明显的时代特色。而商

(接上页注②)理想却显得保守和过时。""我认为，象老银土这种具有许多传统美德但又过分任命知足、安分守己、因循守旧的老辈农民，由于缺乏顺应历史趋势的胆略和见识，无法在变革的时刻作出新的选择，本身就包含着深刻的悲剧性。而你却把这种悲剧性因素从自己的感情世界里剔除了，这就使作品未能达到它本来可能达到的思想深度。""当然，猴拉和明柱是幼稚的，他们光看到唐三禄发财容易的一面，不了解他发财难的一面。他们在知识结构和经营能力上远远不是唐三禄的对手，他们雄心勃勃的计划一开始就可能埋伏着失败的危险。"（丁东：《清凉的沙河水你向何处流——致周宗奇同志》，《作品与争鸣》1985 年第 4 期）

① 《小月前本》，《收获》1983 年第 5 期；《鸡窝洼的人家》，《十月》1984 年第 2 期；《腊月·正月》，《十月》1984 年第 4 期。

州又同时不同于外地，有许多新的需要思考的问题，即：历史的进步是否会带来人们道德水准的下降，和浮虚之风的繁衍呢？诚挚的人情是否只适应于闭塞的自然经济环境呢？社会朝现代的推移是否会导致古老而美好的伦理观念的解体，或趋尚实利世风的萌发呢？这些问题使我十分苦恼，同时也使我产生了莫大的兴趣。所以，从《商州初录》到《小月前本》、《鸡窝洼的人家》、《腊月·正月》、《商州》，我都想这么一步步思考，力图表现着和寻找着答案。①

---

① 贾平凹：《变革声浪中的思索——〈腊月·正月〉后记》，《十月》1984年第6期。在谈到这三部中篇中的第一部《小月前本》时，贾平凹讲述了他在商州时的发现："到了白浪街，住在一户农家，接触了村街中好多人与事。不妨直说，他们是有喜，有怒，亦有悲有乐。尤其使我感兴趣的是，街正中有一家，门口正好是踏三省的石头。家长是一个老头，少儿多女，大女儿们全出嫁了；女婿有陕西的，有河南的，有湖北的。逢年过节，三省的女儿女婿来，行不同的礼节，说不同的音调，人称老头为'三省总督'。唯有一女未嫁，正与街中一后生恋爱。这后生形象在街上唯一俊美，行为却被众人叽之不正。他做生意，办副业，手头活泛，穿戴讲究，是典型的能吃大苦亦能享大乐之人，却落得人缘孤独。此女竟反村人而动，一片热心待他，暗订了终身，惹得一场风风雨雨，被老头用棒槌打骂几顿，我到了那里，老头虽极度热情，但眉里眼里仍留有愁恨。此后，我了解了这家的情况，联想到长途之中所见所闻，思考了许多问题：新的形势发展，新的政策颁发，新生活是多么复杂而迷离啊！投映在农村每一个阶层人的心上。变化又是多么微妙啊！对于土地，对于传统的道德观念，老年人和青年人有区别，青年人和青年人有区别。他们仅仅是粮食丰收，有吃有喝吗？不，还有好多好多能说清和说不清，甚至只有朦胧的意会的问题。新的生活的到来，在这么一个偏远的边地，向一切人的心灵打开了一扇窗子，尤其是年轻人。或许，他们对他们的自身，对他们脚下的路，认识是不十分明确，但他们在向往着、追求着新的东西；或许他们还一身旧的东西，又带上了一些新的毛病，但他们的向往和追求是顽强的。他们意识到新的生活在召唤他们，他们应该知道山外的大世界，应该认识这个大世界和这个大世界中的他们自己。当然，这一切于他们可能是多么艰难、危险，甚至会陷于不可自拔的绝境……"（贾平凹：《在商州山地》，《中篇小说选刊》1984年第3期）

的确，贾平凹的问题——"历史的进步是否会带来人们道德水准的下降，和浮虚之风的繁衍呢？诚挚的人情是否只适应于闭塞的自然经济环境呢？社会朝现代的推移是否会导致古老而美好的伦理观念的解体，或趋尚实利世风的萌发呢？"——也可以说就是王润滋的问题，但是有意思的是，贾平凹对这些问题的"文学表现"，却又与王润滋存在着很大的不同。

如果将《小月前本》、《鸡窝洼的人家》和《腊月·正月》这三部中篇连在一起看的话，我们就会有一些有趣的发现。比如，在《小月前本》里，少女小月的问题是在代表了"新式农民"的门门，与代表了"旧式农民"的才才之间作出选择。最终，小月选择了"新式农民"门门，但她心里却不免"酸酸地说"："如果门门和才才能合成一个人，那该是多好呢？"因此，就这部小说的倾向而言，尽管小说最终还是让"新式农民"门门获得了"优胜"，但这"优胜"却显得还不够有说服力。而在《鸡窝洼的人家》里，代表"现代"的禾禾与代表"传统"的灰灰之间的矛盾，最终却通过颇具"戏剧/喜剧"色彩的"换妻"得以调和。在此，贾平凹似乎给出了这样一种未来图景：喜欢"现代"的与习惯"传统"的，最终似乎都能各得其所、相安无事。因此尽管小说结尾对灰灰们的"保守"有温和的嘲讽，但小说给出的通过"换妻"、各得其所的解决方式，与结尾对灰灰的温和嘲讽，似乎并不协调。而《腊月·正月》的写作则最成问题：一方面，小说在描写"商山第五皓"韩玄子的种种雅癖——观雾、饮茶等——时，笔锋从容、意境悠远；而另一方面，小说在描写代表"现代"的人物王才时，似乎始终无法赋予他足够的"精、气、神"，因而，较之代表"传统"的韩玄子形象的惟妙惟肖，王才这一形象就

显得逊色许多①——总之一句话，写"传统"人物，贾平凹似乎如鱼得水、驾轻就熟；写"新式"人物，则似乎是赶鸭子上架、勉为其难。

因此，情况恰如有批评家指出的：

……三部作品中的人物，不论是《腊月·正月》中的韩玄子、巩得胜，《小月前本》中的小月、才才、王和尚，还是《鸡窝洼的人家》中的烟峰、回回和麦绒，都各有其风采。有时只是寥寥几笔，如《小月前本》写老秦叔等戏或电影演完后，一定要到场地上转转，东翻翻，西踢踢，寻觅一点人家遗掉的东西。一个动作，人物贪占小便宜的形象便跃然纸上。再如《腊月·正月》里写小杂货店当家人巩得胜招待韩玄子，他看到一点酒洒在桌子上，赶忙俯下身子把它吮干了，一个细节，就把巩得胜俭省得近乎刻薄的形象写活了……但是，相形之下，作者写农村改革带头人的形象，却不免有些捉襟见肘，除王才的形象较成功外，门门和禾禾的形象都还欠丰满和光彩。究其原因，我觉得可能与作者对这些人物还不很熟悉有关，此外，与作者没有把这些人物放置到尖锐的社会矛盾中去表现也不无关系。《小月前本》中的门门，在爱情上倒是被

---

① 在评论家雷达看来，《老霜的苦闷》中的老霜，《村魂》中的张老七，《腊月·正月》中的韩玄子，《拂晓前的葬礼》中的田家祥等形象可被归为一类："尽管他们的气质、个性、经历、活动存在着明显的差异，可是，我们不能不看到，在农村的历史性变革面前，他们的那种摆脱不掉的苦闷、压抑、茫然、沮丧、愤怒、反感的情绪，他们的失去自我和找不到位置的悬空感、孤独感，他们的无法排遣烙刻在心上的历史传统幽灵的重压感，不正是有如一条无形的精神锁链，把他们拴在一起了吗？这是一组特殊的人物，用'落伍者'、'怀疑者'、'反对派'之类的字眼形容他们，都不尽准确。因为他们并不表现为理智地、自觉地反对改革，也不是暂时的怀疑彷徨，一度地失去平衡，他们主要表现为一种深刻的精神悲剧。"（雷达：《当前小说中的农村"多余人"形象》，《小说评论》1985 年第 3 期）

卷进了矛盾的漩涡里；在促进商品交流的开拓性的事业中，他却是得心应手，事事顺利，没有遇到什么阻力，这样，很难表现出他作为农村改革带头人的风采。《鸡窝洼的人家》中的禾禾，也有类似的情况。他和麦绒的离异，显然不止是夫妻间的事，而是·革新和守旧的矛盾，可惜作者没有抓住做文章，寥寥几笔虚写一下就闪过去了。以后作品虽然也写了在带头发展商品生产过程中的种种艰难，但多属他自身的不善经营，或天公的不作美……人物游离于尖锐的社会矛盾之外，也就很难写出他的动人的时代光彩来了。①

---

① 蒋荫安：《柳暗花明又一村——读贾平凹的三个中篇》，《文学评论》1984 年第 5 期。顺便可以一提的是，对于《小月前本》，批评家还有更为严厉的指责："有的作品在反映农村生活变化时把握得不准，而且表现了茫然不知所从的情绪。象《小月前本》这样的作品，可以看出作家有意探索农村人们在生产经营上、在人与人的关系上、在爱情生活上新的变化。小说写了两个农村青年，一个恪遵老辈的传统，埋头耕耘，性格木讷、憨厚、单纯；另一个不屑于从事农业劳动，善动脑筋，生财有道，性格精明、活泛。一位善良而纯朴的农村姑娘就徘徊于两者之间，既不能不考虑到居家过日子的需要，选择一个忠厚老实的丈夫；又不能不感受到生活的冲击，新的生活方式的吸引，在感情上和那个见过世面、头脑灵活、有魄力、有手腕的小伙子靠近，最后甚至发出这两个小伙能合成一个人该多好啊的慨叹。通过这些描写，可以看出，作者意在表现生活的新变化，然而对于什么是'新'，理解并不准确，把握得并不深刻。处在农村生活历史转折的背景下，对传统农业经营不屑一顾，要凭自己的本领走一条新路的小伙子，身上新的前进的因素表现在哪里呢？是以转手出租水泵为致富之源，以购买时兴衣衫和用品为生活追求目的吗？作者竭力把他和那个死守住土地不放、满足于自给自足生活的青年对比，显示他的优越和傲气。后者自然是传统农业的殉道者，但前者不过是新形势下一个工于心计、善于抓钱的侥幸儿，绝非时代变革的适应者和体现者。这样去表现生活的发展和变化，只能说明作者在历史性转折的面前，缺乏深邃的历史眼光，肯定生活的变化，却又不能准确把握这种变化，要想真实地反映出这种变化的深刻的历史特点来，自然是不可能的。"（王愚：《在历史性的转折面前》，《当代文坛》1984 年第 8 期）

　　归纳起来，这段话讲了这样几点：第一，在人物塑造方面，这三部小说是"传统"人物优于"现代"人物；第二，"现代"人物里面，只有王才的塑造还"较成功"，但这一判断大概并非当时人们的共识，因为有人就认为"王才是未来农村有魄力的企业家的形象，可惜现在还未得到充分的展现"①。第三，与王润滋的敏于且敢于暴露"矛盾"不同，评论者发现，面对那至关重要的"革新和守旧的矛盾"，除了打打擦边球，贾平凹似乎总也不愿去正面触碰。因此情况就成了这样：由于"新/旧"冲突并未展开、缺乏鲜明的对比，所以"新"的固然是"新"了，可是却并没有就此将"旧"的给比下去；由此引申一步，则我们可以说，"旧"的固然是"旧"了，但是似乎也并没有因为有"新"东西的存在而丧失存在的合理性——这也恰与我们上面的分析相符合。

　　接下来的问题是，为什么贾平凹想要表达的内容，与他实际表达的内容之间，存在着这样的差距呢？

　　在创作这三部中篇小说之前，贾平凹正因其创作风格而遭到批评家的责难②；而这三部中篇小说的出现，则使得批评家对其大为赞赏，认为其终于开始向"现实主义精神"迈进③。然而有意思的

---

①　刘建军：《贾平凹论》，《文学评论》1985 年第 3 期。

②　关于贾平凹 1985 年之前创作风格的转变，可参看费秉勋《贾平凹创作历程简论》，《当代文坛》1985 年第 4 期。

③　费秉勋：《贾平凹三部中篇新作的现实主义精神》，《小说评论》1985 年第 2 期。费秉勋认为："贾平凹这三部中篇的创作，在现实主义的道路上迈着越来越坚实的步子。在《小月前本》中，还带有作家以前创作中那种'以万物为我'的主观色彩；到《鸡窝洼的人家》中，作家已经注意让主观退后，以生活本身的运动构成情节的发展和人物关系的变化。《腊月·正月》在现实主义的道路上又前进了一步，展现了更广阔的生活面，也纳入了更深刻的社会内容。《腊月·正月》所追求的已不仅是故事发展的真实可信，主要是更积极地挖掘农村各阶层人物的灵魂，展示他们在新的现实中地位的升沉（转下页注）

是，贾平凹对自己的创作期许，却与这一"现实主义"的评价相去甚远：

  ……中国几千年来的文学，陶渊明、司马迁、韩愈、白居易、苏轼、柳宗元、曹雪芹、蒲松龄，尽管他们的风格有异，但反映的自然、社会、人生、心境之空与灵，这是一脉相承的。空与灵，这是中国文学的一项大财富。中国的文学如何振兴？现在好多作家都在思考着、探索着。正如前边说过，文学要发展，必须中西杂交，有的从内到外借鉴了外来文学，但融化、化合的工作却未做好，忽略和忘掉了中国民族的美学心理结构，这多少有些欲速不达。有的则完全拒绝外来的东西，这又存在一个高下、快慢之分。这些年里，我在努力搞一种中西比较，从哲学上、美学上着眼，从绘画上、戏剧上入手，企图找出两者相通相似和不通不似的地方，期望能够弄清我们的创作应该走一条什么路子。力气花了不少，收效却是甚微。在以中国的传统的美的表现方法来真实地表现当今中国人的生活、情绪的过程中，我总感觉到在作品里可以不可以有一种"旨远"的味道？这种"旨远"的味道，建立在"自近"的基础上，而使作品读来空灵却不空浮，产

（接上页注③）变化和社会性更强的情绪波澜。贾平凹说，他是用对春秋战国时代新兴地主阶级与奴隶主贵族殊死斗争的那种历史感来写《腊月·正月》的。"（费秉勋：《贾平凹创作历程简论》，《当代文坛》1985年第4期）刘建军也认为："在这三部中篇中，作者仍然爱点染男女风情，留恋乡俗民趣，但摆脱了唯主观意念、情绪左右的局面，让主观爱憎融汇于现实生活和人物性格的客观逻辑之中。生活的真实描绘提到作者以前作品中从未达到的重要地位。以前的作品不少让我们感到，是作者的主观意念逼使人物在行动在叙说，这几部作品则使我们感到，是生活的客观逻辑在逼使人物在行动在叙说。"（刘建军：《贾平凹论》，《文学评论》1985年第3期）

生出一种底蕴呢?①

　　因此说到底，这里是一个"内容"与"形式"之关系的老问题：贾平凹试图"以中国的传统的美的表现方法来真实地表现当今中国人的生活、情绪，而在他看来，所谓"中国的传统的美的表现方法"，其要义，正在"空"、"灵"二字。进而言之，贾平凹的企图，全在以一种"传统"的、既"空"且"灵"的"形式"，来表达"现代"（"当今"）的生活，且还欲求得"旨远"的"味道"——想法固然很好，无奈"艺术形式不仅仅是形式"，想要"旧瓶装新酒"，反而很可能"旧瓶"与"新酒"无法"兼容"。这既"空"且"灵"的"传统""形式"，本就是与几千年来的"传统""积淀"相"配合"的，因此无怪乎在贾平凹笔下，那些"传统"人物总是比"现代"人物来得鲜活。②但正如我们在第四章中已经提到的：一方面，这种"传统"形式适合

---

①　贾平凹：《变革声浪中的思索——〈腊月·正月〉后记》，《十月》1984 年第 6 期。同在此文之中，贾平凹继续说道："我又常想到另一个问题，即大度，也可以叫做力的问题，纵观国内一些名作家，大都可称之为思想家，或者说有深刻的思想，当然，思想不是一个狭隘的概念，否则易导致所谓'思想大于形象'之弊，而应是一种大度的力的作用。古人也讲过，确中有韵，秀中有骨，这一点上，也不仅仅是文章表面的事情，也应是内含的。正基于这一点上，我才在前边说过推崇大汉之风。在霍去病墓前看石雕，我觉得汉代艺术最了不起，竟能在原石之上，略凿细腻之线条，一个形象便凸现而出，这才是艺术的极致。所以，在整个民族振兴之时振兴民族文学，我是崇拜大汉之风而鄙视清末景泰蓝一类的玩意儿的。"

②　梁漱溟先生有关东方哲学的一段论述，可为这"空灵"的注脚。"中国人最显著的短处，一是短于集团生活而散漫无力；一是短于对自然界的分析认识，不能控制自然，转而有时受制于自然。但这背面皆隐伏着一种优越的精神在内。散漫的背后隐伏着一个人、一个人理性的伸张，智慧的睿发（在美术、文艺、音乐、绘画、建筑、陶瓷等一切，所以超卓绝世的创造都由于此），虽在老农、老圃、工匠、末技，也有其精思艺巧，决非西洋中世的农、工可比。受制于自然的背后，隐伏着与自然融合的精神，而不落于分（转下页注）

于写作"田园牧歌",但"田园牧歌"的"无时间性",却恰与时人在《鲁班的子孙》中看到的不可阻挡的"历史"形成对比;另一方面,这既"空"且"灵"的"形式",装载的乃是与这"形式"相和谐的意境悠远的"内容",而这也恰与时人在《鲁班的子孙》中看到的"历史进程"的"严峻性"形成对比。

而贾平凹在上述这些方面的缺失,恰在山东作家矫健的长篇小说《河魂》① 中得到了弥补。

首先,与《鲁班的子孙》不同,矫健有意识地试图"纠正"前者在塑造代表"现代"的人物方面的乏力。"在创作时,我也吸取了一些胶东作家的经验教训,例如《鲁班的子孙》,它虽写出了大时代中老木匠的行为立场和思考、悲剧,但对小木匠的思考却展示不够,否则能使时代衰兴中的两方面都更为丰满,成为对历史较完满的陈述。"② 基于此,作者着力塑造了小磕巴这一角色,使其成为"现代"的代表。

其次,矫健在其作品中表现出了相当自觉且强烈的"历史感"。无论是其选择以"河"为比喻所表现出的"长河意识",还是以时间顺序来安排三位村支书(二爷、牛旺、小磕巴;"老一辈"、"社会主义时期"、"改革开放时期"),这两者其实都共同构成了对矫健所理解的"历史必然性"的形象化展示。而这样的展示,与时人的期待,也是相

(接上页注②)离对抗(多少西洋东洋的文学家、哲学家都曾特别指点来说过);同时隐伏着非功利的精神,而不至于逐物失己。对于外界的分析认识虽不足,而对自身生命的体会认识则较多。中国文化和印度文化有其共同的特点,就是要人的智慧不单向外用,而要回返到自家生命上来,使生命成了智慧的,而非智慧为役于生命。"(梁漱溟:《乡村建设理论》,上海人民出版社,2006)

① 矫健:《河魂》,《十月》1984 年第 6 期。
② 矫健:《初衷——关于〈河魂〉》,《文艺界通讯》1985 年第 5 期。

符的，比如，有评论家敏锐地指出，矫健的《河魂》，"主要描绘了一种从低点到高点的上升运动过程——从外在形态看，它描写了柳泊村从封闭到开放、由自然经济到商品经济的改革过程；从实质上看，它描写的是柳泊人们顽强地认识自由的过程"①。另有论者也表达了对于矫健"历史感"的赞扬："矫健在小说创作中坚持用历史发展的眼光来看待现实生活和历史生活，并通过两者之间有机的、深入的联系，对过去的历史生活进行新的认识、新的评判，从中总结出发人深省的东西。"②尽管人们对矫健创作中"理念大于形象"的现象颇有微词——"《河魂》仍然存在这样一些痕迹，那就是为了某种表达的目的而写得太实。比如牛旺、二爷、小碹巴、河女这几个人物虽然各具鲜明个性，却仍有一种人为分类的痕迹。"③——但唯其如此，我们反而更能见出作者对于这"理念"的固执和坚持。

最后，小说所表现出来的"沉重感"，也是时人关注的一大焦点。"矫健的长篇小说《河魂》里的人物大都是痛苦的，甚至连这些人物生活的柳泊村及村前的南河与村后的喀啦石山也仿佛在痛苦地呻吟……整个作品就浸泡在这样一种压抑的、沉重的、痛苦的情绪氛围中。作者透过现实变革的外在表象而对人们的灵魂探赜烛幽，透过沉郁的痛苦看到灵魂的蜕变和新生，看到被迷惘和痛苦所遮蔽的现实生活的勃勃生机和历史必然性。作品要揭示的是痛苦是变革的必然性和深刻性之结果，痛

① 雷达：《评〈河魂〉》，《十月》1985 年第 2 期。
② 王凤胜：《论矫健的小说创作》，《东岳论丛》1985 年第 4 期。
③ 房赋闲：《矫健：在两种文化的边缘开拓》，《当代文坛》1987 年第 2 期。作者指出，矫健在《河魂》之前的创作，也一直存在"理念大于形象"的毛病："当我们赞扬矫健作品中所表现出来的沉重的历史感时，不能不遗憾地注意到这样一个事实，就是作家过分注重了小说的外壳，也就是生活故事所显示出来的比较外在的政治意义，因而时常有概念化的东西损害形象，造成了艺术上不协调的失重感。"

苦是今天历史变革内容引起灵魂震动的情感表现。变革不仅仅给人们带来安居乐业的喜悦，只有痛苦的选择才使人看到灵魂内容的真正更换，这是更为本质的历史的进步和人的提高的确证。任何廉价肤浅的欢乐都不足以显示历史的力量，历史前进似乎总具有一种恩格斯所说的悲剧的必然性。"① "它给人感受最深的是对美的毁灭的控诉，而不是对美的回归的确信。几个主要人物心上的历史负荷和感情负荷都相当沉重。"②

根据矫健自己的说法，"在创作过程中，我感到在当前创作及理论批评上，还存在很多问题，我们常常在一些作品的评议中众说纷纭，其中一个问题就是，怎样对待历史地看事物和道德地看事物这两者。作家往往用道德的判断代替历史的判断，把历史道德化，其实这是两个判断，绝无可能互相代替，评论界也有类似情况。我在写《河魂》时，就力图描写历史发展的必然性，同时也不断从道德判断中看问题，表现在这种发展里产生的、值得怀疑和引起彷徨的一些考虑……在这双重判断中当然会产生歧义，这在我看来，正是值得认识的东西。纵观历史上的伟大作品，往往历史的判断和道德的判断是不一致的"③。而"历史的判断和道德的判断"之间的"不一致"，是否正是这"痛苦"和"沉重"的根源？

而在看待这"历史"前进过程中的"痛苦"时候，人们纷纷求助于恩格斯的所谓"历史合力论"——宋遂良的评论颇具代表性：

---

① 张德祥：《从痛苦中看历史的进步与人的提高——〈读河魂〉》，《当代文坛》1985 年第 12 期。
② 陈淞：《小说〈河魂〉与矫健的审美追求》，《湘潭大学社会科学学报》1985 年第 52 期。
③ 矫健：《初衷——关于〈河魂〉》，《文艺界通讯》1985 年第 5 期。

历史正是在无情地抛弃落伍者，迎接开拓者的斗争中前进的。但是这种旧的和新的事物的交替都不是简单地、直线地进行的。这中间有曲折，有纠缠，要付出代价，造成痛苦，酿出悲剧，在这里失去的，在那里又找回来。新的进步会增加新的隐患，沉重的失败也可能招来更大的飞跃……历史就这样充满着辩证法地曲折前进。各种因素搅和在一起，互相作用和反作用。正象恩格斯指出过的那样，历史的"最后的结果始终是由许多个别意志，相互冲突中产生出来的"，这些个别意志相互冲突的结果，就形成一种历史的"合成力"："无数的错综交叉力量，有着无限的一丛力量的平行四边形，并由这一错综交叉情况中产生出一个总的结果"，"因为一个人所愿望的事物是要遭到任何一个人阻碍的，而最后的结果就会出现谁都没有希望过的事物。"（《致约·布洛赫》）

《河魂》正是试图剖析这种历史的"合成力"对于今天这场变革的作用。它把历史和现实糅合在一起，力求从经济和政治、物质和精神的多种层次中说明今天的这场改革的必然性，研究新时代、新思想的来踪去影，从而使我们今天的行动遵循规律性，减少盲目性，把力量和热情引向久远。①

---

① 宋遂良：《探索隐藏在历史深处的力量——谈长篇小说〈河魂〉》，《山东师大学报（哲学社会科学版）》1985 年第 2 期。张德祥的评论虽未明确提及所谓"历史合力论"，但表达了相近的意思。"'生活本来就不是轻松的事情。'生活不总是充满着笑声和喜欣，尤其是处在变革时期的生活。要真正深刻地反映生活，就不能仅仅停留在对政策带来的欢欣一味作表面的歌唱。马克思在论述资本的原始积累时指出：虽然资本主义生产方式的形成使大多数人经受了极大的苦难，但对历史发展产生的巨大推动作用却是不应否认的，尤其不能否认与资本主义生产方式相适应的表现在生产力上的人与生产资料、人与土地关系变化的进步性。是的，有时候苦难仿佛是不可避免的历史进步的代价，苦难本身包含着历史进步的因素。今天现实的变革，虽然不是马克思从所有制方面说的生产者和生产资料分离过程，但它同样是在某种 （转下页注）

似乎只有到了这里，"王润滋论题"所引发的不安和焦虑，才得到了较为"稳妥"的解释和说明。而所有这些，在某种程度上都成为张炜的写作背景。

但是，在进入关于张炜的讨论之前，还是让我们先来总结一下《鲁班的子孙》发表以后的"形势"吧。路遥幻想"现代化"与"乡土中国"之"美德"兼得，但《鲁班的子孙》则彻底粉碎了这一幻想——从人物的精神气质来说，小木匠无疑与高加林属于同类，他们都代表了发源于"城市"的"现代"生产和生活方式；依照这样的眼光

（接上页注①）特定历史条件下的生产力和生产方式的革命，是农民与土地、生产者与生产资料的结合方式的一种分离、演变和进步，是科学技术水平使人与土地摆脱了自然状态关系的一种历史进程，因而正如马克思所说，'就要经受这种苦难'。如果说资本主义生产方式的确立这一历史进程，是通过暴力手段来完成的，人们在生产的灾难和命运的颠簸中减弱了对旧的观念的痛苦留恋，生活的苦难减弱了灵魂的苦难的话，那么，我们的这一历史必然过渡因为是在和平中进行，就必然使灵魂的痛苦更为显出。《河魂》正是试图反映出这种文化心理结构的更替和自我灵魂的升华的痛苦感，这种痛苦感是我们时代的文学所不应该忽视的。"（张德祥：《从痛苦中看历史的进步与人的提高——〈读河魂〉》，《当代文坛》1985年第12期）

关于所谓"历史合力论"，恩格斯的表述如下：

……历史是这样创造的：最终的结果总是从许多单个的意志的相互冲突中产生出来的，而其中每一个意志，又是由于许多特殊的生活条件，才成为他所成为的那样。这样就有无数互相交错的力量，有无数个力的平行四边形，而由此就产生出一个总的结果，即历史事变，这个结果又可看做一个作为整体的、不自觉地和不自主地起着作用的力量的产物。因为任何一个人的愿望都会受到任何另一个人的妨碍，而最后出现的结果就是谁都没有希望过的事物。所以以往的历史总是象一种自然过程一样地进行，而且实质上也是服从于同一运动规律的。但是，各个人的意志——其中的每一个都希望得到他的体质和外部、终归是经济的情况（或是他个人的，或是一般社会性的）使他向往的东西——虽然都达不到自己的愿望，而是融合为一个总的平均数，一个总的合力，然而从这一事实中决不应作出结论说，这些意志等于零。相反地，每个意志都对合力有所贡献，因而是包括在这个合力里面的。（《恩格斯致约·布洛赫》，《马克思恩格斯选集》（第四卷），人民出版社，1972，第478~479页）

看去，贾平凹笔下的门门、禾禾和王才，矫健笔下的小磕巴，当然也都应该被归于"高加林家族"。但是，这些"现代化"的代表们，在处理其与"乡土中国"的关系时，都先后陷入某种尴尬之中：小木匠"现代化"经营举措的六亲不认，与老木匠所秉持的重义轻利的"良心"观之间，正发生着尖锐的冲突。在贾平凹那里，"现代"与"传统"呈现某种"和平共处"的前景，但较之意境悠远、底蕴深厚的"传统"人物，"新式"人物却始终缺乏足够的支撑；同时，与《鲁班的子孙》中的情况一样，代表"现代"的人物，依然形单影只、易犯（秉持"传统道德"之）众怒。而在矫健那里，"现代"人物形单影只、易犯（秉持"传统道德"之）众怒的特点依然没有改变，为了树立"现代"的合法性，小说只能以"沉重"感来表明"历史"的不可阻挡。因此说到底，它们其实都共有两个特点：一是"现代化"与"传统道德"之间，似乎是无法共存的，从"道理"上讲，"现代化"应该取代"传统"，可是这些作品所展示的，恰是"传统道德"对"现代化"的质疑；二是也因此，尽管付出了诸多努力，代表"现代"的"新式"人物，似乎总是缺乏足够的"道德"支撑，换言之，"道德"似乎总不在他们一边。凡此种种，都成为张炜写作必须面对的问题。

第二节　"孤独者"的出现

了解了上述"前文本"的特点之后，我们就能迅速看出张炜"秋天"系列小说①的写作特点了。

---

① 所谓"秋天"系列小说，指的是张炜的三部中篇小说：《秋雨洗葡萄》（《山东文学》1983 年第 8 期）、《秋天的思索》（《青年文学》1984 年第 10 期）和《秋天的愤怒》（《当代》1985 年第 4 期）。

第一，一个值得注意的细节是：无论是《秋雨洗葡萄》和《秋天的思索》中的老得，还是《秋天的愤怒》中的李芒，在他们身边本来都有一位类似老木匠那样的老字辈；但正如小说所展示的，无论原因如何，老字辈都成了老得和李芒首先要"告别"的对象——在《秋雨洗葡萄》里，老得本是和铁头叔一起看护葡萄园的，但在王三江的逼迫之下，铁头叔最终出走葡萄园，小说也以此作结束；而《秋天的愤怒》一开始，便告诉我们李芒妻子的爷爷玉德（似"玉"一样纯洁而宝贵的"德"行）"一连几天昏迷在医院的床上"。尽管玉德爷爷坚决要求儿子和孙女两家继续联合经营他的那块地——地里有他在分到土地的那年亲手栽种的一棵柳树，但李芒最终与他要反对的恶人肖万昌分了家；在两家宣布决裂的那天，那颗老柳树也死了（多么富有象征意义的一笔！）。

这样的情节安排，不能不说是对"王润滋论题"的某种回应——正如评论家所说："李芒的'新'还表现在他不象孤独的'老得'要紧靠住铁头叔这老一辈人的道德观念，他恰恰要告别老柳树——玉德爷爷的象征，坚决与肖万昌'分开'，也就是与传统的封建家族观念决裂。"[①]在我看来，说老得"要紧靠住铁头叔这老一辈人的道德观念"大概还有欠公正，事实上正如我们接下来的分析中将要展示的，老得的"思索"，与"铁头叔这老一辈人的道德观念"之间，似乎并没有什么明显的联系。

第二，与小木匠们的总是易犯众怒，并最终成为村里大多数人的敌视对象不同，这一回，老得和李芒的对立面，换成了剥削村人的腐败干部，这一回，他们是想与村里的大多数人站在一起，为大多数人的利益而斗争的。

在谈到《秋天的思索》时，张炜说过这样一段话：

---

① 雷达：《人的觉醒与反封建主题的推衍》，《当代文艺思潮》1986 年第 2 期。

改革开始了，种葡萄的人举双手赞成，因为改革可以进一步改变他们的命运。而那少数人却愤愤然，先是诅咒，后是沮丧，最后竟又喜悦起来——他们突然明白过来，在这场竞争中，他们的力量远比一般种葡萄的人要大，出奇制胜的机会也多！他们过去利用赋予他们的那点权力（或者是别的什么？），已经踩下了多少条纵横交错的路！

就这样，历史将一些在常年辛劳中受到严重磨损的极度衰弱者、将一些由于某种原因而养得强健壮实的人，一同推到了今天的起跑线上。

这是不尽公平的。然而这是历史造成的。谁让我们有过那么一段历史呢？这也是可以理解的，在前进中，有人就难免做出一些利益上的牺牲。

但是——如果那些强健壮实的人进而在跑道上向本来就衰弱无力的人挥拳动手，甚至是坐上车子让他们去拉，那就不得不让人愤怒了。谁能不愤怒？①

归结起来，张炜所关注的，是"改革"过程中所谓"起点（不）公正"的问题。而恰恰也正是这个问题，驱使王润滋在《鲁班的子孙》中对富宽们表现出了深切的同情②——就此而言，他们无疑都敏感地抓

---

① 张炜：《给雷达的一封信》，《小说评论》1985 年第 5 期。
② 王润滋的如下表述，与张炜的表述恰恰呼应："类似黄家沟木匠铺那样的队办小企业的倒闭仅仅是因为集体干或者说'吃大锅饭'么？有没有一条比这更深的历史根源和现实原因……富起来的农民日子好过了，那些没富起来的怎么办？他们并不都是二流子懒汉，他们同样是勤劳智慧的中国农民，只是由于种种难以克服的困难富不起来。只靠种庄稼一年挣得了多少钱？一斤玉米一角二、三分钱，一斤麦子也不过两角钱，遇上天灾呢？中国人多，农民多，剩余劳力多，土地却越来越少，有些地方近年下学的青年人就分 （转下页注）

住了改革之初，农村在向"商品经济"转型过程中所暴露出来的重大问题①。不管是《秋雨洗葡萄》和《秋天的思索》里的王三江，还是

（接上页注②）不上土地了，他们怎么生存？想做买卖没有本钱、没有货源、没有门路，都做买卖卖给谁？想进城干临时工得有关系、后门儿，干得上的每天最高工码一元七角六分钱，伙食费每月二十元，每年给队里交公共积累至少一百元，发什么财呀？孤老病残谁人过问……即使99%的农民都富了，还有1%在受苦，我们的文学也应该关注他们，我的同情永远都在生活在底层的受苦人。在当前的农村中，真正阻碍改革的力量是思想还保守些的老实农民，还是私有权难以限制地膨胀？还是封建主义关系网合理合法地扩张？政策解放了农民，有没有一股腐朽的势力在扼杀着、磨损着、抵消着农民的积极性？农民一方面欢欣鼓舞感谢党的政策，另一方面有没有新的忧虑和负担？大好形势下会不会还有新的悲剧在部分人身上、在某些农家发生？变革带来了兴旺，但同时又会不会带来些不好的东西呢？"（王润滋：《从〈鲁班的子孙〉谈起》，《山东文学》1984年第11期）

①　根据戴慕珍（Jean Oi）的分析，在人民公社制度下，生产小队长与队员之间构成了某种施恩回报关系："生产队员需要靠从集体生产劳动来换取口粮，而小队长则可以将工分高又易于完成的工作派给'自己人'；在劳动力过剩因而劳动机会难得的地方，队长的这种照顾就更显得重要。在副业方面，当需要请假来搞副业的时候，与队长关系好的人更易得到批准；而当有进城做临时工的机会时，队长也更倾向于将机会分配给那些与他关系好的人。面对如此的施恩回报关系，农民们要么选择千方百计与队长搞好关系——尊敬并支持队长的工作、给队长送礼等；当自己没有足够的能力与队长拉关系时，就选择不公开冒犯队长的权威、不拂逆队长的面子等。"在农村改革全面铺开之后，以前的大队、小队干部依旧在改革政策的落实过程中发挥着至关重要的作用。第一，在"分地"的过程中，与干部"关系"的亲疏远近，将决定某人是否能分得肥力、水源等情况都更好的耕地。第二，当国有或集体企业有招工名额下到乡村时，由于缺乏公开的劳动力市场，在分配名额时，农村干部的作用就是决定性的；推荐谁不推荐谁，干部们都有很大的操作空间。即使是去私人企业工作，农民也依然需要干部开具"证明"，而一个与干部"关系"不好的农民，就极有可能为此受到干部的刁难。第三，由于国家对化肥、燃料等稀缺资源采取"价格等级制"——"牌价"最低、"议价"次之、"市价"最高，而农民只有从干部手里才能获得相关物资的票券，因此与干部搞好"关系"，就意味着能确保获得充足且低价的化肥和燃料供应。同时，在牲畜和拖拉机还十分稀缺且其对生产和致富的影响又特别重大的时候，干部如何调配牲畜的使用、拖拉机是卖或包给这家还是那家，其中奥　（转下页注）

《秋天的愤怒》里的肖万昌，他们都是张炜想要谴责的利用权力排挤弱者的干部。但张炜的写作重点显然并不仅仅在"揭露"这类干部的恶行；应该说，他的重点，乃在于描写这"恶行"所激起的"思索"和"愤怒"，以及"愤怒"之后的"行动"——用他自己的话说："改革给葡萄园带来了振兴的希望。随着葡萄树的不断更新抽绿，人们的精神开始解放了……敢怒不敢言甚至连怒也不敢怒的日子，慢慢过去了。"①张炜接着强调："是慢慢过去的——缓慢到什么程度、伴随着怎样的苦痛，这就是我想告诉读者朋友的。"②

《秋天的思索》中的所谓"思索"，其实也就是葡萄园的看护员老得"思索"在新时期王三江何以再度得势、人们何以又再度害怕起他的"原理"的过程——小说将其称为老得的"思辨进程"。可是这"思

（接上页注①）妙，无不与人们与干部的"关系"如何有关。不仅如此，干部们还往往在"致富"的路上抢得先机。"中国依然是一个不发达的市场，交通不便、信息流通亦不畅。在如此环境之中，适当的关系、门路、出路，加之市场信息，可被视为那些老干部们的专利……多年开会和与不同单位打交道的经历，使得那些老干部们发展出了庞大的私人关系网络。"同时，"对于那些被推入陌生且日益复杂的市场环境之中的农民——他们在其中获得投资、找寻市场出路，并安排运输——来说，改革制造出了甚至更大的寻求帮助的要求。在决定种什么、有时候是怎样种植最赚钱的农作物方面，农民同样需要帮助。专业户需要申请执照和许可证、寻求已经在案的法律权利的援助，并逃避各种附加费和其他费用。大多数时候，他们寻求帮助的对象正是地方干部，这包括以前的生产小队长，更重要的是，它还包括新的村（前生产队）级领导。"因此，一方面，正是凭借着这些关系网络，乡村干部迅速地走在了"致富"的前列；另一方面，由于干部们依然掌控着不少关键资源，集体化时代形成的那样一种"施恩回报关系"似乎依旧得到延续。（Jean Oi. *State and Peasant in Contemporary China：The Political Economy of Village Government*. University of California Press，1989，pp. 131 – 154，pp. 183 – 214，p. 187，p. 218）

① 张炜：《为了葡萄园的明天》，《中篇小说选刊》1985 年第 1 期。

② 张炜：《为了葡萄园的明天》，《中篇小说选刊》1985 年第 1 期。

辨进程"却又是十分脆弱的。小说写道,当老得初次与王三江面对面斗争时,王三江只一掌,便让老得的"思辨进程"推迟了两个月;与这"思辨进程"同时,老得还爱写诗,诗句却很平常,如"……铁头书冒雨走了/王三江这人太凶/茅屋里挂着他崭新的蓑衣/茅屋里只剩下我和大青……"从另一篇小说《秋雨洗葡萄》中我们得知,老得将自己写的诗寄出,却全被退回。最终,老得的"思索"取得了突破:他将王三江命名为"黑暗的东西"——一个比喻性的说法,似乎很抽象。其后,他在与王三江的又一次对抗中被王三江打击报复,最后被迫出走葡萄园。与老得的"思辨"性格相仿,《秋天的愤怒》中的李芒也具有这样的沉思型性格——他一直在思索的,就是自己的岳父肖万昌的历史和现在以及其中包含的意义。与老得一样,他也喜爱读诗。"他每逢在生活中遇到难题,每逢激动起来,就习惯于翻开一本诗集、一本书。这能使他平静下来。更奇怪的是有时这本书也能给他一些新奇的想法,使他这样做而不那样做。"

然而,作为"沉思者"的老得和李芒,同时却又是"孤独"的。当时的评论家敏锐地捕捉到了老得的沉思型性格——有人将老得命名为"葡萄园里的'哈姆雷特'"[①],之所以对他如此称呼,不仅是因为"老得的犹豫和苦闷、行动之前的战栗与哈姆雷特……十分相像"[②],而且还因为"他的愤世嫉俗、正义感、良心和对不平等现象的个人主义思考方式,感染着人文主义的气息"[③]。而在另一篇文章中,该论者又分析说:"站在我们面前的农村青年'老得',究竟是强大的还是孱弱的,是先进的还是守旧的?他的痛苦的精神探索历程究竟包含着什么意味?

---

① 雷达:《独特性:葡萄园里的"哈姆雷特"》,《青年文学》1984年第10期。
② 雷达:《人的觉醒和反封建主题的推衍》,《当代文艺思潮》1986年第2期。
③ 雷达:《人的觉醒和反封建主题的推衍》,《当代文艺思潮》1986年第2期。

在我看来，他恰恰是个比他周围的群众更清醒的暂时的孤独者。他喊出了力图彻底挣断封建主义精神脐带，要求自由平等的觉醒的呼声。"① 与老得的"个人主义思考方式"相类似，评论家们发现李芒也面对同样的问题："李芒常常怀着类似早期启蒙主义者那样的孤独感。"② 在此，一个有趣的问题浮现了出来：为什么张炜笔下的"思索"者，会以这一"孤独"的"个人主义者"的面貌出现？

在讨论这个问题之前，让我们先来看一下另一位作家的一篇类似题材的作品，那就是浩然的《能人楚世杰》③。就我们目前的讨论来说，《能人楚世杰》却正提供了一个意味深长的视角。

故事情节与张炜的小说类似。大队书记楚来运，利用改革之机捞好处、贪贿赂；只是这一回，与丑恶势力作斗争的，换成了"能人楚世杰"。这楚世杰是何许人也？小说写道，他是一个既"厚道"又"好心眼儿"，且还"有个聪明的脑瓜"的老实本分、勤劳苦作的农民；更重要的是，他还有"明确的政治信仰"："从抗日战争那会儿开始，他的父母就是共产党开辟根据地的'依靠群众'、堡垒户；以后的几十年，凡是县里、区里和公社的下乡人员来到后草铺，差不多都住在楚世杰家……这是他的光荣标志，也是他经受革命思想熏陶的过程。在这样一种极为一般的履历中，促使他有了明确的政治信仰，有了生活主见，还形成了一些评价事务的独特的标准。于是，他曾经得到'能

---

① 雷达：《人的觉醒和反封建主题的推衍》，《当代文艺思潮》1986 年第 2 期。
② 宋遂良：《诗化和深化了的愤怒》，《当代》1985 年第 6 期。
③ 浩然：《能人楚世杰》，《长城》1982 年第 3 期。浩然在"新时期"处境尴尬、遭人唾弃；其创作风格大有改变，但其作品却较少有人注意。详细评说浩然在"当代文学"中的意义并非本书的任务，这里只能简单表明一点，即目前主流文学研究对浩然全盘否定的态度，显然是"非历史"的，因而也就使得任何严肃认真的讨论成为不可能。

人'的美誉,他曾经被不少的普通社员视为精神领袖。"——熟悉浩然创作史的读者,自然不难从这楚世杰身上看到那萧长春、高大泉的影子。

故事始于生产责任制刚开始实行的那几年,"谁也没有料到,近几年来,楚世杰这个能人,竟然变成一个最无能的人!"原来,"近几年来",当生产队的大小干部、各个社员,甚至是以前日子过得很"累"的李罗锅都开始盖新房的时候,楚世杰这个往日的能人却落后了。渐渐地,他明白了别人之所以能够迅速地盖起房子,是因为与大队书记楚来运搞好了"关系"。他自家正面临儿子娶媳妇的压力,他于是要求楚来运有招工指标时给他留一个,却并不送礼。楚来运当面敷衍,三个月后无果,只说没有机会。楚世杰初时相信了楚来运的话,慢慢却弄清楚了原来楚来运将三个招工名额悄悄分配给了给他送了礼的另外两人,还有一个名额,则留给了他自己的儿子。楚世杰无法,只好买了紧俏商品——缝纫机——去贿赂楚来运,然后他儿子也就顺利地进了工厂。可此时楚世杰却开始起草状子,状告自己贿赂了党委书记楚来运——原来是楚世杰用计,不料楚来运却被上级领导包庇。最后,面对楚来运的威逼,楚世杰因为三个儿子中已有两个有了出路而毫不觉得畏惧。

之所以要在这里详细地叙述故事情节,是因为这样的情节安排的确很有意思——楚世杰之所以要在自己行贿之后再状告自己,是因为"怕牵连走过后门的社员,怕没凭据,怕打不着黄鼬惹一股子骚";而最后当他面对楚来运的威胁时,他之所以并不害怕,是因为"我的大儿子在工厂找上了对象。我的三儿子考上了大学。只剩下一个二儿子,成家也不会太费难"。恰恰是在这样的情节安排里,"社会主义现实主义"的某种叙述结构——即蔡翔先生所归纳的

"动员结构"① ——遭到了重大的颠覆。就拿浩然影响最大的作品《艳阳天》来说吧。小说以萧长春接到社里来信、起身回去了解情况起始，可是在小说第七章之前总共81页的篇幅里，除了一些回忆和倒叙的文字，萧长春"回家"的动作却一再"延宕"，那么，他在做什么呢？小说里有这样一段话：

> 他要趁人们还没睡下的时候，串串门，谈谈心，摸摸情况。离开了一个多月，有关社里的一切事情，他都想详细知道。最后，他再回到家里，看看他的小石头。

这一先"社里"后"家里"的安排，使得他当晚便开始急切找"群众"和"干部"了解情况。到了第二天，萧长春更是连续作战，先召开党小组会，后四处深入"群众"继续了解情况，以至于小说写到第十七章第225页，萧长春才算是真正回到了家里！本书的兴趣，并不在"革命不回家"这一叙述"形式"所内含的"大家"与"小家"的对立②；对于我们目前的讨论来说，"动员结构"中对于"群众"的想象和重视，似乎更为重要。

在分析中国革命与西方现代进程的差异时，邹谠敏锐地注意到了所谓"群众"对于中国革命的重要性：

> ……人们通常都断言群众路线是一种领导作风，往好里说，它

---

① 蔡翔：《当代文学中的"动员结构"》，《上海文学》2008年第3、4期。

② 对此，李杨已有精彩的分析，参见李杨《〈红岩〉——"红色圣经"中的现代性革命》，收入李杨《50～70年代中国文学经典再解读》，山东教育出版社，2003年11月版。

是一种民主的领导作风，但是它又不能被等同于西方的自由主义式民主。因为西方的自由主义式民主包含了一套完备的体制和游戏规则，以贯彻"被统治者同意"的原则，并促使统治者较之在他种政府形式下能更为充分地考虑公民的种种利益、需求、偏好和意愿。

由这一老生常谈始，我将试述两点。一，在分析的时候，我们必须在公民概念与群众及其派生物群众运动和群众路线观念之间划清界限。它们乃是连接公共领域与私人领域，或国家（即政治权力）与市民社会（即个人与社会群体）的两种不同方式。公民的概念以社会成员为其起点，他们被视为各个孤立的个体，平等地享有一系列抽象的权利，在行使这些权利的过程中，他们将自己组织成社会群体。这些社会群体（自愿组成的协会、社团等）乃是居于国家与个人之间的中间利益人。人们强调的，是社会成员的权利，而非义务。在西方市场经济语境中，公民权为个人和社会群体成功地发展和动员其积极性、能量和能力，提供了政治和体制环境。

反过来讲，群众、群众运动和群众路线的观念以被视为社会某一部分之成员的个人为其起点，他们享有的不是抽象的、有法律依据的公民权，而是实际的社会—经济权利。在社会中居于压倒性多数的群众，乃是下层阶级的成员，政治积极分子将要把他们动员和组织起来。人们设想，一旦给予其政治上的领导地位，他们对社会—经济正义的主动或潜在的要求，将激励他们采取积极的政治行动。由此，群众、群众运动和群众路线的观念，强调的就是主动地参与到政治运动之中并履行义务。[1]

---

[1] Tang Tsou, *The Cultural Revolution and Post – Mao Reforms: A Historical Perspective*, Chicago: The University of Chicago Press, 1986, p. 272.

邹谠有关公民身份的论述来自马歇尔。根据马歇尔的考察，从 18 世纪到 20 世纪，西方社会所谓"公民身份"的发展，历经了从公民权利到政治权利，再到社会权利的过程①。邹谠由此提出了一个有趣的问题，那就是在中国，"公民权利"的发展，是否有可能经历一个与西方社会相反的过程，即以社会—经济权利的提高始，最后再到政治与公民权利的发展。②

的确，正如邹谠所论述的，"群众"与"公民"之间的差异，也正是"集体"与"个人"、"义务"与"权利"甚至"德性"与"法治"之间的差异。事实上，所谓"公民权利"，也正是 1980 年代以来的社会文化实践的重点之一。但这样的实践与我们讨论的小说文本有什么关联？

让我们把目光再拉回到张炜。在《秋天的愤怒》里，有这样一个场景：李芒与肖万昌决裂后，在抽水浇地时受到肖万昌排挤，不得已只好到外村高价雇来一台抽水机（因为他是专业户，属于"先富起来"的那部分）。

这时候有几个正在地里忙活的人围了上来，明白了什么事之

---

① 马歇尔将公民身份看作是由公民的要素、政治的要素和社会的要素所组成的。"公民的要素由个人自由所必需的权利组成：包括人身自由、言论自由、思想和信仰自由，拥有财产和订立有效契约的权利以及司法权利……政治的要素指……公民作为政治实体的成员或这个实体的选举者，参与行使政治权力的权利……社会的要素指从享有某种程度的经济福利与安全到充分享有社会遗产并依据社会通行标准享受文明生活的权利等一系列权利。"（T. H. Marshall, *Sociology at the Crossroad and Other Essays.* London：Heinemann, 1963, P. 74. 转引自布赖恩·特纳编《公民身份与社会理论·代译序》，吉林出版集团有限责任公司，2007，第 3 页）

② Tang Tsou, *The Cultural Revolution and Post - Mao Reforms：A Historical Perspective*, Chicago：The University of Chicago Press, 1986, P. 273.

后，讪笑着走开了，一边走一边说："人家就是有钱，能雇来一台机器！可好日子也不能都让一个人过了呀……"

李芒全听清了。他觉得心上有些发冷。

"有机器也转不动喽，没有老丈人做靠山喽！嘻嘻……"

几个人议论着往前走去，铁锹碰得叮当响。李芒盯着他们的背影，咬了咬牙关，徐徐地吐出一大口烟……他站起来，磕了磕烟斗，一句话也没说，就走开了。

无疑，这就是让李芒感到"孤独"的原因——他明明是在为村里人谋福利，却不料村里人如此小肚鸡肠。"肖万昌他们再刁难、迫害我们，我都不怕！可是，二秃子，还有村里那些人的话，让我受不了。他们多少年就受肖万昌的捉弄、欺骗，到现在还过得那么苦！我们不是为了和他们站在一块儿才和肖万昌决裂的吗？断了我们的水源，硬要把一地好烟棵给旱死！这就是肖万昌使出的第一个毒招。村里那些人呢，倒糊里糊涂跟着起哄、感到快意……我好像从来没有这样失望过、这样难受过。真的，关到废氨水库里那会儿也没有。从烟田回来时，我觉得两条腿那么沉……"鲁迅《药》中那"人血馒头"的阴影，此刻似乎正在李芒的身侧徘徊。

这段文字里所描述的村民的"快意"和"不平"，其实也正是那时正在人们中间蔓延的"红眼病"的反映①。而有趣的是，此一时期"红

---

① 1983 年，《人民日报》报道说："当阳县有一个靠家庭副业致富的社员。他有文化，会经营，去年向国家交售了近万斤鸭蛋，5 头肥猪，纯收入超过万元。虽然公社和上级党委都很支持他，但是他的精神上还是有很大的压力。每当他的鸭群下地觅食时，总有人寻衅挑剔，甚至扬言要在地里下毒药。他只好赶着鸭群到处跑。他感慨地对记者说：'过去大家一起穷，你好（转下页注）

眼病"的蔓延，恰也正激发了人们"立法"保护公民"权利"的想法——1986 年 4 月 12 日，全国人民代表大会通过了《中华人民共和国民法通则》；而据当年参与起草该法案的专家的说法，"红眼病"恰是推动该法案出台的原因之一①。而根据昂格尔的看法，所谓的"法律秩序"之所以会出现，与所谓"自由主义社会"之中人们的相互关系以及由此造成的人们对于"法律秩序"的期待，有着密切的关联：

自由主义类型的社会组织产生了一种风格意识，并因后者而得到了加强。这种意识的实质是把社会作为相互冲突的主体利益进行较量的领域。界限分明的等级制的解体以及与其有关的自然道德秩序感的瓦解这两件事情，有助于形成如下这种认识，即归根结底，

（接上页注①）我好，相安无事；现在我先富了点，有的人就不大高兴！'"（《先富起来的人又有新苦恼：政策有保证，只怕"红眼病"》，《人民日报》1983 年 1 月 20日）《人民日报》1984 年的另一则报道则反映了河南省养貂专业户赵维贞遭人嫉妒的遭遇。（《"红眼病"是个大祸害　如何看待先富起来的农民？——关于"进一步发展农村商品生产"的讨论》，《人民日报》1984 年 3 月 20 日）

① 当年参与起草该法案的魏振瀛说，"《民法通则》的出台有其必然性，总的来说它是改革开放事业和中国社会发展的必然产物。"他认为，这是"社会现实的要求"。"在改革开放过程中，新事物不断涌现，新的矛盾和问题也随之出现，在农村出现了'红眼'。所谓'红眼病'是指承包果园、鱼塘、林木等经济作物的人富裕了，出现了一些非承包人要求变更合同，发包人借口撕毁合同的现象。在城市，个体工商户发展了，钱多了，怕露富，怕国家政策改变，就把人民币藏在家里，有的失火被烧掉了，有人就把钱埋在地下。在国有企业方面，实行多种经济责任制，奖金制，有了企业利益和职工个人利益，于是出现了新厂长不承担旧厂长在任期间工厂所欠债务的现象。在公司改制中，分公司与总公司的主体地位模糊，责任不清。在发展多种经济形式和横向经济联合中，农村出现了各种经济联合体；城市出现了合作经济（实质是合伙）和多种联营形式。后来又出现了多种形式的公司、企业集团。一些联营组织盈利大家分，亏损就散伙，债务无人承担。还有的搞'挂靠经营'，以集体经济之名，经营个体经济之实等。"（魏振瀛：《参加〈民法通则〉起草的片断回顾》，http：//www. civillaw. com. cn/wqf/weizhang. asp？id＝25914.）

价值观是任意选择的事情。同时，认识到各种社会联系的流动性又鼓励人们相信，所有的利益到头来都是个人的利益，而集团利益只不过是其成员具有的不同目的的混合物。

可是，这种组织社会和认识社会的方式对于法律却具有革命性的意义。仅仅通过加强官僚法并不能解决自由主义社会的社会秩序问题。这是一种特殊的社会生活形态，在其中，没有一个群体控制所有其他群体对自己的忠诚和服从。因此，设计一种具有如下特点的法律制度就成为十分重要的事情了，这种法律制度的内容应当调和彼此利益的对立，其程序则应当使几乎每个人认为服从这一程序符合自己的利益，而不管他偶然寻求的目的是什么。①

简单地说，昂格尔的意思是：法律的出现，正是为了在彼此利益尖锐冲突的"现代个人"之间寻求某种调和，与此同时，"共同体"中那种不需要明确"规则"的和谐生活，从此也就一去不复返了②。

回到本节开头所说张炜的一系列小说的写作特点，一方面，他笔下的主人公们都先后"告别"了老木匠们所代表的"传统道德"，这也就意味着，他们想要寻找属于自己的新的"道德"归属。另一方面，他们又是满腔正义、想为大多数人谋利益的——他们在"道德"上的说服力，也正是建立于这样的举动之上的。但问题在于，维系他们与这大

---

① R. M. 昂格尔：《现代社会中的法律》，译林出版社，2008，第56~57页。

② 昂格尔说："'礼'不是实在的规则，的确，从某种意义上讲，它甚至根本就不是规则。由于它们不是作为脱离具体关系的东西而受到理解、规定或服从的，因而它们缺乏实在性品质，而那些具体关系则确定了一个人的身份和他的社会地位。'礼'并不是人们制定的，它是社会活生生的、自发形成的秩序，是一种人虽有能力破坏却无力创造的秩序。"（R. M. 昂格尔：《现代社会中的法律》，译林出版社，2008，第77~78页）

多数人的纽带是什么呢？显然，它不能是老木匠们的"传统道德"，那是他们已经毅然加以抛弃了的东西；它也不能是所谓"群众动员"的方式，那是毛泽东时代"革命政治"的陈迹，如今已是声名狼藉。而且，那乡村里的大多数，他们似乎也有重新加以认识的必要。在张炜这里，他们似乎一点也不"淳良"（而在王润滋那里，他们是"淳良"的），他们也似乎一点都不"革命"（而在浩然那里，他们曾经是"革命"的）；相反，他们似乎更像一群"乌合之众"，不知好歹、唯利是图，较之揭穿"改革"的阴暗处，他们似乎更容易为"改革"的短期利益所吸引——现今已是一个凡是都要诉诸"法律"的时代，可是"法律"的基本假设之一，便是"人性恶"①。面对此一人心堕落的状况，老得和李芒们"缝合""现代化"与"失德"之间矛盾的企图落空，转而陷入深刻的"孤独"之中，不正是一点也不奇怪的吗？

---

① 正如昂格尔所指出的："现代西方社会思想的主导传统一直主张，人并不具备天生的、经过培育就可以保证公正社会秩序的善。"（R. M. 昂格尔：《现代社会中的法律》，译林出版社，2008，第 90 页）

| 结论 |

从"理想主义者"到"俗人"

让我们先从 1980 年代临近结束的时候说起。

那一时期的主要特点，自然是所谓"危机意识"的日渐显明和突出，正如有研究者指出的：

> ……在毛泽东时代，中国的马克思主义开始强调哲学体系的建立……在努力创立一稳定的信仰体系——这一体系乃是受中国的环境、历史，以及传统文化的支持并运作于其上的——一方面，毛泽东的追随者看起来似乎更为成功。毛泽东话语经常在简洁而经典的中国警句中一再得到表达，它深刻地影响了民众的语言和文化。斯大林主义者也许真是真诚的信仰者，但在相信观念与主义、说服与教育的力量方面，他们从未达到过毛泽东主义者在这方面所达到的程度。因此，尽管毛泽东主义远远谈不上温和，人们依然认为，在灌输真诚的信仰方面，它更为成功。接踵而至的问题即是，在许多中国人看来，较之早些时候苏联社会的重新思考，后毛泽东时代所需要的那种重新思考要更难达成得多。

人们在 1988 年所谈论的困境与危机，乃是对一种危机感的逐

渐公开的承认，自"文化大革命"以来，如果不说是整个毛泽东晚年时期的话，中国知识分子就开始遭遇这种危机感了。如同金观涛所描述的……他们所体验到的，乃是一种与失去宗教信仰相类似的感觉。无论原因何在——毛泽东个人、狂热症、个人崇拜、权力政治、一党专政——人们都有一种自己接受了的信仰体系被推至深渊的边缘，而任何前进或倒退都会加速灾难之降临的感觉。①

的确，若放在整个"文化大革命"以来的思想背景之中，"潘晓"的那份焦灼不安与困惑迷茫，当自有其深刻的历史根基和情感来由——金观涛说得明白：那是一种"上帝死了"的无着无落的境界，如临深渊、惶惶不安，怕正是那时人们心绪的最佳写照。同时，正如上述引文所分析的，那"宗教信仰"曾是这般的刻骨铭心、深入骨髓，因此在彻底的信仰与彻底的不信之间，当亦存在若干撕心裂肺的中间点，其间充满着将断未断或藕断丝连的不情不愿或无可奈何，更不用说彷徨于无路的失望绝望和摸着石头过河的战战兢兢——本书对于所谓"潘晓难题"之文学展现的分析，亦正是这些中间点中的一段。

在《导论》里，我们将"潘晓难题"与其后各章的文学创作勾连了起来，现在让我们来总结一下它们与"潘晓"的关系。无疑，那些创作了这些作品的作家，正是一个个大大小小的"潘晓"——张抗抗是"潘晓"，她的创作直接来自关于"人生观"的大讨论，她对改善曾储形象的"心有余而力不足"，更直接暴露出"潘晓难题"的核心困难。蒋子龙是"潘晓"，他出身工人阶级，亲眼目睹师傅精神境界的转

---

① Bill Brugger & David Kelly. *Chinese Marxism in the Post - Mao Era*. Stanford：Stanford University Press，1990，pp. 2 - 3.

变，有满肚子的疑惑需要解答，无论是乔厂长、解净，还是刘思佳，蒋子龙之所以创造出这些形象，也正是因为他认为"管理"所代表的"现代化"，能够为他的疑惑提供答案。然而，对于"异化"前景的敏感，又使得他这个得"改革文学"风气之先者最先从新的"工业题材"创作模式中退出。李存葆是"潘晓"，他选择一名"指导员"来作各种矛盾的交汇点，恰正与"潘晓""进退失据"的惶惑境况相同。他对自私自利的蔑视、对爱国奉献的歌颂，也正是"潘晓"所愿意认同的。路遥是"潘晓"，高加林的先进城后返乡，不正是"潘晓"矛盾心理的写照吗？为"个人"考虑，似乎的确是应当的，但是那生养了他的土地、那情深意切的乡亲，又岂是自私自利所能抹杀的？只是，时至今日，这土地和乡亲，已日渐失去了其正面的意义了。张炜也是"潘晓"，他笔下的"孤独者"，尽管"孤独"，却怀有打抱不平的正气，此一胸怀他人的境界，与"潘晓"有何二致？

然而，这些大大小小的"潘晓"们，虽然各自尝试破解面对的"难题"，却终难免失败的境地。蒋子龙们的"现代化"，看来离"异化"的前景不远；李存葆们找到了"乡土中国"所蕴涵的美德，以之为自私自利者的对立面，可面对贫穷乡村欲走还留的高加林发现，在如今的"现代化"蓝图里，"乡土中国"的美德，已然失去了其曾经具有的生产性，只能作为缅怀的对象了；到了张炜那里，这"现代化"本身也遭到了强烈的质疑——失去有力的支撑，"孤独者"会感到"孤独"，也正是理所应当的事情。

1989 年，有人为总结 1980 年代的文学创作和批评实绩，编辑了一套"80 年代文学新潮丛书"，其中便包括一本题为《世纪病，别无选择——"垮掉的一代"小说选萃》的小说选集。

在这本选集的"选编者序"中，编选者先回溯了 1955 年以来所谓

"垮掉的一代"在西方国家的兴起，接着编选者说道："时间的轮盘又旋转了三十年。1985年中国文坛终于感受到这股'垮掉'浪潮的涌动。以《无主题变奏》、《你别无选择》等作品的出现为标志，宣告中国'垮掉的一代'成熟地登场。"①

接下来，编选者分析说："在我这里选编的小说作品中，它们的主人公或人物大都出生在五六十年代，也就是说，从他们一出生开始，他们所经历的外部世界明显的生活，都无疑地被打上了那个'火红的年代'烙印，一切背景都是一张相同的政治、文化浮雕，在他们的记忆深处，到处是英雄、鲜花、飘扬的红旗与虚假传统的洗礼……但当他们逐渐以人的姿态出现在人类共处的地平线上的关键时刻，七十年代末那场伟大的思想解放运动，使他们睁开了审视社会历史、审视人生、反思自身精神信仰的眼睛，他们在敲碎过去传统遗留下来的沉重负担的同时，同样打碎了自己的信仰。在世界的压力都向他们涌来的时候，他们被股股激流冲垮了精神大堤，在这个意义上，他们的确'垮掉'了。"②

当时的评论家则更愿意从所谓"现代意识"的角度来理解这批作品。1986年，有人在总结1985年的中国小说思潮时，将刘索拉、徐星、陈村等人创作中所体现出的"现代意识"归纳为两个方面。一是"反文化"。"与其说他们要反叛社会——他们并不认为自己能够拯救他人——不如说是反叛自己，反叛自己身上从文化熏陶中接受和养成的自命清高、假装斯文、故作博学与好作深沉的种种虚伪心理。"二是"反崇高"。"在这些作品里，古典哲学赋予历史的理性必然性被超理性的

---

① 蓝棣之、李复威主编《世纪病，别无选择——"垮掉的一代"小说选萃·选编者序》，北京师范大学出版社，1989，第2页。

② 蓝棣之、李复威主编《世纪病，别无选择——"垮掉的一代"小说选萃·选编者序》，北京师范大学出版社，1989，第3页。

过程随机性和可能性取代，'崇高'赋予人的理想的自主性也被世俗生活中人的受动性取代。总之，人不再成为人的抽象理想，不再在身外寻找自己假定性的存在；也不存在一个彼岸世界和此岸世界的割裂对立，故而不必要为自己树立一种成为超人和英雄的目的性献身——人只成为人自身，成为是怎样就怎样的'俗人'。"①

的确，成为一个无牵无挂的"俗人"，而非某种非得和"历史"、"共同体"勾连起来的"正面人物"，成为 1985 年之后出现的"新人"的特征——而这种成为一个"俗人"的冲动，在刘西鸿那里得到了更为完美的阐释。在其名作《你不可改变我》②中，叙述者"刘姐姐""是个有为的药剂师，现在我热衷于药架，我这辈子可以在药书里奋发图强。如果突然拿掉我这份工作，换给一台奔驰甚至劳斯莱斯，我只会慢慢地干掉，然后死去。这一点毫无疑问"。对于这样的人物，我们一点也不会感到陌生——她那重"精神"（"我这辈子可以在药书里奋发图强"）、轻"物质"（"奔驰甚至劳斯莱斯"只会使她"慢慢地干掉，然后死去"）的心理构造，不正与"潘晓"相同吗？可是，第一次，这样的一种价值追求被放置在了被讴歌者——孔令凯的对立面，当"刘姐姐"精心呵护的高中生孔令凯竟然决定不再继续读书、转而去尝试模特儿这一"新鲜事物"时，"刘姐姐"开始暴露出了她的"俗气"：

> "他们要艺名。我起了一个'咪咪'"。令凯摇头晃脑。
>
> "咪咪！"我尖叫起来。"你为什么不叫大野猫？好个孔令凯，

---

① 李洁非、张陵：《一九八五年中国小说思潮》，《当代文艺思潮》1986 年第 3 期。

② 刘西鸿：《你不可改变我》，《人民文学》1986 年第 9 期。

你敢斗胆乱起不三不四的丑名字！"我简直感到恐怖。

……

我看亦东吃橙子，满手滴着汁就说："他有个东洋名，叫食野大狼。"我指指我自己，"我叫中意银纸，或者中意金戒子。"

令凯撅起嘴，不乐意我。亦东撕开软纸抹手，然后点香烟，手护着一片脸来抽，不看我。他看不起我时就是这副表情，他这副表情时就把我当市场上的俗女人看。

正如有论者分析的，"这里对'俗气'的理解已经有了变化，不是沉溺尘世就是俗气，而是沉溺于陈规，没有个人意志才是俗气。在刘西鸿的作品中，不乏对这种'俗气'温和的嘲弄"①。就论者所给出的历史脉络来看，这里的变化的确巨大：

金观涛曾经把自己这一代人称作"一群最后的不死的理想主义者"。为此我们不难理解为什么在这个年龄层作家的作品里出现的都是一个个激动不安的灵魂，一个个不知终点的旅行者。他们多少都带上点唐·吉诃德精神，满世界去寻找永远不会满足的"满足"，这种"生活的终极圆满"化作当代作品中不断出现的"彼岸"、"新大陆"、"北极光"……

……

即便是在徐星的作品中我们看到的也是对尘世、对世俗的彻底否定和无情嘲弄，更不用说在此之前的众多理想主义作品了。有人

---

① 毛浩、李师东：《刘西鸿给我们带来了什么——对当代文学中一种精神文化现象的分析》，《当代作家评论》1989 年第 2 期。

把它归为一种"贵族化"倾向：他们更注重精神或人格的圆满，他们把远离物质、远离人群、远离世俗当作一种追求，并从中体验优越感。

然而刘西鸿笔下的人物却完完全全地走向世俗了……①

尽管表现得并不如"潘晓"般焦灼，"刘姐姐"们似乎依然还是可以被归到那"一群最后的不死的理想主义者"之中去；而在亦东和令凯看来，这样的人物，委实不可理喻——如果说对于"潘晓"们来说，陷入"尘世"不得超拔，无法将自身与"人生"、"理想"等宏大命题勾连起来，这种状态就叫作"俗气"的话，那么现在，如果谁还想追求"理想"、追求"人生"的话，那么他就还是"沉溺于陈规"之中、缺乏"个人意志"，这样的人，那才叫作"俗气"！也唯其如此，当面对"循规蹈矩"的"刘姐姐"时，"不走寻常路"的孔令凯才能如此理直气壮地说："你不可改变我！"

所谓"你不可改变我"，宣告的也正是"潘晓"们人生道路的不再具有吸引力和示范性——"俗气"的"新人"们，现在需要的是迥异于"潘晓"们的新鲜活法；而对"人生"、"理想"念念不忘的"潘晓"们，也的确只能够令孔令凯们觉得异样、可笑和与己无关。

然而，本书愿意在此强调的是，人们之所以能够"俗"得如此理直气壮，首先自然是因为，此时，"潘晓"们那一套重新讲述"正面"故事、塑造"正面"人物的做法，已经无法再令人们感到信服了。而

---

① 毛浩、李师东：《刘西鸿给我们带来了什么——对当代文学中一种精神文化现象的分析》，《当代作家评论》1989 年第 2 期。

正如本书的分析试图指出的，它之所以不能令人信服，不是因为它没有尝试着去讲出令人信服的"正面"故事、塑造出令人信服的"正面"人物，而恰恰是因为这样的尝试最终失败了——从蒋子龙的急流勇退，到张炜笔下的"孤独者"，都是这一失败的明证。然而，也正是有了张炜笔下的"孤独者"，孔令凯般"俗人"的出现，似乎也就显得并不那么突兀和令人难以理解了。

参考文献

中文部分：

巴赫金：《巴赫金全集》（第三卷），河北教育出版社，1998。

齐格蒙特·鲍曼：《共同体》，凤凰出版传媒集团、江苏人民出版社，2007。

戴维·毕瑟姆：《官僚制》，吉林人民出版社，2005。

彼特·布劳、马歇尔·梅耶：《现代社会中的科层制》，学林出版社，2001。

曹锦清：《黄河边的中国》，上海文艺出版社，2000。

阿妮达·陈：《毛主席的孩子们》，渤海湾出版公司，1988。

陈建华：《革命与形式》，复旦大学出版社，2007。

陈佩华（Anita Chan）、赵文词（Richard Madsen）、安戈（Jonathan Unger）：《当代中国农村历沧桑》，牛津大学出版社，1996。

陈映芳：《"青年"与中国社会的变迁》，社会科学文献出版社，2007。

陈永发：《中国共产革命七十年》（修订版），联经出版事业公司，2001。

程光炜：《文学讲稿："八十年代"作为方法》，北京大学出版社，2009。

程光炜主编《重返八十年代》，北京大学出版社，2009。

程光炜主编《文学史的多重面孔》，北京大学出版社，2009。

崔文华编《〈河殇〉论》，文化艺术出版社，1988。

崔文华编《海外〈河殇〉大讨论》，黑龙江教育出版社，1988。

邓力群：《十二个春秋》，博智出版社，2005。

费孝通：《江村经济》，世纪出版集团、上海人民出版社，2007。

费孝通：《乡土中国》，世纪出版集团、上海人民出版社，2007。

费正清、罗德里克·麦克法夸尔主编《剑桥中华人民共和国史（1949～1965)》，上海人民出版社，1990。

费正清、罗德里克·麦克法夸尔主编《剑桥中华人民共和国史（1966～1982)》，中国社会科学出版社，1992。

米歇尔·福柯：《规训与惩罚》，三联书店，1999。

米歇尔·福柯：《性史》，上海科学技术文献出版社，1989。

甘阳主编《八十年代文化意识》，上海人民出版社，2006。

尤卡·格罗瑙：《趣味社会学》，南京大学出版社，2002。

艾米莉·韩尼格、盖尔·贺肖：《美国女学者眼里的中国女性》，陕西人民出版社，1999。

浩然：《我的人生：浩然口述自传》，华艺出版社，2000。

何清涟：《现代化的陷阱》，今日中国出版社，1998。

何言宏：《中国书写》，中央编译出版社，2002。

洪子诚：《中国当代文学史》，北京大学出版社，1999。

华尔德：《共产党社会的新传统主义——中国工业中的工作环境和权力结构》，牛津大学出版社，1996。

黄平、姚洋、韩毓海：《我们的时代》，中央编译出版社，2006。

黄子平：《"灰阑"中的叙述》，上海文艺出版社，2001。

安东尼·吉登斯：《民族国家与暴力》，三联书店，1998。

密洛凡·吉拉斯：《新阶级》，中共中央政法委员会理论室，1981。

蒋子龙：《我是蒋子龙》，团结出版社，1996。

金观涛：《在历史的表象背后》，四川人民出版社，1983。

古斯塔夫·拉德布鲁赫：《社会主义文化论》，法律出版社，2006。

李庆山、吴伊婷编著《激情三十年——中国百姓生活大变迁》，中共党史出版社，2009。

李杨：《50~70年代中国文学经典再解读》，山东教育出版社，2003。

李泽厚：《中国思想史论》（上、中、下），安徽文艺出版社，1999。

廖盖隆主编《新中国编年史（1949~1989）》，人民出版社，1989。

卢卡奇：《历史与阶级意识》，商务印书馆，1992。

史蒂芬·卢克斯：《个人主义》，江苏人民出版社，2001。

罗钢、王中忱主编《消费文化读本》，中国社会科学出版社，2003。

马齐彬、陈文斌等编写：《中国共产党执政四十年》，中共党史资料出版社，1989。

罗德里克·麦克法夸尔：《文化大革命的起源》（1~2卷），文化大革命的起源编译组译，河北人民出版社，1989。

毛泽东：《毛泽东选集》（一卷本），人民出版社，1964。

毛泽东：《毛泽东选集》（第五卷），人民出版社，1977。

莫里斯·梅斯纳：《毛泽东的中国及其发展》，社会科学文献出版社，1992。

约翰·奈斯比特：《大趋势》，中国社会科学出版社，1984。

迈克尔·欧克肖特：《政治中的理性主义》，上海译文出版社，2004。

彭波主编《"潘晓"讨论——一代中国青年的思想初恋》，南开大学出版社，2000。

《人是马克思主义的出发点》，人民出版社，1981。

沈太慧、陈全荣、杨志杰编《1979～1983 文艺论争集》，黄河文艺出版社，1985。

苏绍智：《十年风雨》，时报文化企业有限公司，1996。

唐小兵编《再解读：大众文艺与意识形态》（增订版），北京大学出版社，2007。

斐迪南·滕尼斯：《共同体与社会——纯粹社会学的基本概念》，商务印书馆，1999。

王若水：《为人道主义辩护》，三联书店，1986。

王晓明主编《二十世纪中国文学史论》（三卷本），东方出版中心，1997。

王小强、白南风：《富饶的贫困》，四川人民出版社，1986。

许子东：《当代小说阅读笔记》，华东师范大学出版社，1997。

许子东：《为了忘却的集体记忆》，三联书店，2000。

阎云翔：《私人生活的变革：一个中国村庄里的爱情、家庭与亲密关系》，世纪出版集团，上海书店出版社，2006。

杨健：《中国知青文学史》，中国工人出版社，2002。

殷陆君编译《人的现代化》，四川人民出版社，1985。

余岱宗：《被规训的激情——论 1950、1960 年代的红色小说》，上海三联书店，2004。

查建英：《八十年代访谈录》，三联书店，2006。

张持坚、谢金虎、蒋耀波主编《爆炸性新闻》，改革出版社，1991。

张光年：《文坛回春纪事》（上、下），海天出版社，1998。

张学正、丁茂远、陈公正、陆广训：《文学争鸣档案：中国当代文学作品争鸣实录（1949～1999）》，南开大学出版社，2002。

张永杰、程远忠：《第四代人》，东方出版社，1988。

中国社会科学院文学研究所当代文学教研室：《新时期文学六年（1976.10～1982.9)》，中国社会科学出版社，1985。

仲呈祥编《新中国文学纪事和重要著作年表》，四川省社会科学院出版社，1984。

邹谠：《中国革命再阐释》，牛津大学出版社，2002。

英文部分：

Brugger，Bill& David Kelly. 1990. *Chinese Marxism in the Post – Mao Era*. Stanford：Stanford University Press.

Chen，Fong – ching & Jin Guantao. 1997. *From Youthful Manuscript to River Elegy：The Chinese Popular Cultural Movement and Political Transformation 1979 – 1989* . Hong Kong：Chinese University Press.

Clark，Katerina. 1981. *The Soviet Novel：History as Ritual*. Chicago：University of Chicago.

Goldman，Merle. 1994. *Sowing the Seeds of Democracy in China：Political Reform in the Deng Xiaoping Era*. Cambridge：Harvard University Press.

Kraus，Richard Curt. 1981. *Class Conflict in Chinese Socialism*. New York：Columbia University Press.

Laifong，Leung. 1994. *Morning Sun：Interviews with Chinese Writers of the Lost Generation*. Armonk，New York，London，England：M. E. Sharpe.

Madsen，Richard. 1984. *Morality and Power in a Chinese Village*. Berkeley：University of California Press.

Meisner，Maurice. 1996. *The Deng Xiaoping era：an inquiry into the fate of Chinese socialisim*，1978～1994. New York：Hill and Wang.

Misra，Kalpana. 1998. *From Post – Maoism to Post – Marxism：The Erosion of Official Ideology in Deng's China*. New York：Routledge.

Oi, Jean. 1989. *State and Peasant in Contemporary China：The Political Economy of Village Government.* Berkeley：University of California Press.

Parish, William L. & Martin King Whyte. 1978. *Village and Family in Contemporary China.* Chicago：University of Chicago Press.

Hall, Stuart & Tony Jefferson ed. 1976. *Resistance Through Rituals：Youth Subcultures in Post - War Britain.* London：Hutchinson.

Link, Perry. 2000. *The Uses of Literature：Life in the Socialist Chinese Literary System.* Princeton：Princeton University Press.

Shirk, Susan L. 1982. *Competitive Comrades：career incentives and student strategies in China.* Berkeley：University of California Press.

Shue, Vivienne. 1980. *Peasant China in Transition：The Dynamics of Development Toward Socialism, 1949 – 1956.* Berkeley：University of California Press.

Shue, Vivienne. 1988. *The Reach of the State：Sketches of the Chinese Body Politic.* Stanford：Stanfford University Press.

Siu, Helen F. 1989. *Agents and Victims in South China：Accomplices in Rural Revolution.* New Haven：Yale University Press.

Tang, Tsou. 1986. *The Cultural Revolution and Post - Mao Reforms：A Historical Perspective.* Chicago：The University of Chicago Press.

Unger, Jonathan. 1982. *Education under Mao：Class and Competition in Canton Schools, 1960 – 1980.* New York：Columbia University Press.

Wang, Jing. 1996. *High Culture Fever：Politics, Aesthetics, and Ideology in Deng's China.* Berkeley：University of California Press.

Whyte, Martin King & William L. Parish. 1984. *Urban Life in Contemporary China.* Chicago：University of Chicago Press.

后　记

我看书有个习惯，总是喜欢先看后记（如果有的话）。看得多了，就发现自己经常碰到这样的句子，大意是说，本书颇有缺陷、本该多做修改，然而若果真如此，便需另起炉灶，则呈现在读者面前的，就将是另一本书了。

照我以前的理解，就觉得这不过是作者的托词——你想改就改嘛，哪有那么麻烦？自己偷懒罢了！现在自己的书居然也要出版，"身临其境"，便开始体会到，这话，大概也不能全算是胡说，因文章写作当日，自有当日的知识结构、阅读背景，这便决定了文章的基本框架、叙述构造乃至字词调用，更何况，写作当时，还有当时的诸多情绪、意念及经验参与其中——如此一来，写作当时的成品，便是其时作者某种"情感结构"（歪用一下雷蒙·威廉斯的话）的产物，如果不说它独一无二、不可复制，至少可以说它是充满了"历史特定性"的——这当然并非什么新鲜的见解，马克思早就告诉我们，人是历史的产物，更何况作为人的产物的书呢？

本书是我的博士论文。此后去做博士后，彻底换了方向——传播学，两年"伯明翰学派"，算是集中恶补了一下"理论"，了却了一桩心愿；后来到大学教书，系统讲授"当代文学史"，一面将此前头脑中断断续续的历史连缀成线，一面查缺补漏、"缝缝补补"，教学生的同时，也是教自己。唠唠叨叨这些，无非是想说，"时过境迁"，这几年的经历，让我无论是在理论视野还是在知识储备方面，都已经有了较大的改变，这个时候，再回过头来看我当年的博士论文，便觉得现今我的思路，与当年文章的运思，实在做不到"无缝对接"，于是，我也便有了文章"无法修改"的感慨。

说了这许多，当然不是要为我文章的拙劣找借口——事实上，我并不是一个"藏拙"的人。人过三十，渐渐明白，自己不过是个平庸的人，能做的事很少，能做好的事就更为寥寥，以我这个水平，在什么阶段，大概也只能说出那个阶段的话、写出那个阶段的文字（天才当然例外）。要说这些文字对我有什么意义，套用时下流行的话，那便是，"致我们终将逝去的青春"。

2003 年，我到上海大学读硕士，这一待，就是 9 年，自己想想，也觉得不可思议，因以前从未想过要去上海，更没想过到了上海，竟一待就是这么长时间。也就是在这些年里，我从懵懵懂懂到渐渐省事，经历虽不算多，感悟却不算少。印象最深的，就是那些年里，自身尝试性的思考与现实生活相互激荡，引发出挥之不去的焦虑和不安，此类情绪，常如影随形、深入骨髓，又因我性格原因，而时有深化——诸多实实在在过去了的、难熬的日子，大概唯有同样经验者知之，可意会，不可言传，到底是，"不足为外人道也"。

本书便是此一焦虑的产物。如果你足够细心，大概能从字里行间，读出我当日的情绪。我当然知道，所谓学术文章，首先得足够理性，如此，方可得论述的衡平与分析的深入。但是我又愿意相信，真正好的文字，你是一定能读出蕴藏其间的作者的情绪的，甚至有时候，你分明能真切地感受到作者的存在、感觉到他/她正面对你说话。我这样说，当然不是为了往我自己脸上贴金，说自己的文字是"真正好的文字"，我是想说，至少在本书中，我是朝这个方向努力的，"虽不能至，心向往之"。

从硕士到博士，七年时间，最终的成果，是这么一本薄薄的小书，无论如何，我都觉得惭愧。当然，这也足以见我的浅薄和无能。如果不算辱没声名的话，我就想感谢我的老师王晓明先生：七年时间，言传身教，使我渐渐明白，所谓好老师、好学者，应该是什么样的；我也渐渐明白，在这满世界浮夸、焦躁的年代，一个真正严肃、细致、热情、本真的人，应该是什么样的。我本是怠惰、懒散的人，但每每想到老师的教诲，便也不敢太过放纵，知道自己当时时努力、振作精神，做些力所能及的事情。

感谢海南大学人文传播学院，没有院里的策划安排，本书大概也根本不会有出版的机会。

感谢我的父母！他们是朴实平凡的老百姓，却教会我很多很多……

2013 年 7 月 15 日

图书在版编目（CIP）数据

人生意义的重建及其限制："潘晓难题"的文学展现：
1980～1985 / 朱杰著 . —北京：社会科学文献出版社，2014.5
ISBN 978 - 7 - 5097 - 5140 - 4

Ⅰ.①人…　Ⅱ.①朱…　Ⅲ.①人生观－研究 ②中国文学－
当代文学－文学研究　Ⅳ.①B821 ②I206.7

中国版本图书馆 CIP 数据核字（2013）第 234890 号

人生意义的重建及其限制
—— "潘晓难题" 的文学展现（1980～1985）

著　　者 / 朱　杰

出 版 人 / 谢寿光
出 版 者 / 社会科学文献出版社
地　　址 / 北京市西城区北三环中路甲 29 号院 3 号楼华龙大厦
邮政编码 / 100029

责任部门 / 经济与管理出版中心（010）59367226　　　责任编辑 / 李延玲　高　雁
电子信箱 / caijingbu@ ssap. cn　　　　　　　　　　 责任校对 / 丁爱兵
项目统筹 / 高　雁　　　　　　　　　　　　　　　　 责任印制 / 岳　阳
经　　销 / 社会科学文献出版社市场营销中心（010）59367081　59367089
读者服务 / 读者服务中心（010）59367028

印　　装 / 北京鹏润伟业印刷有限公司
开　　本 / 787mm × 1092mm　1/16　　　　　　　　 印　　张 / 13.5
版　　次 / 2014 年 5 月第 1 版　　　　　　　　　　 字　　数 / 173 千字
印　　次 / 2014 年 5 月第 1 次印刷
书　　号 / ISBN 978 - 7 - 5097 - 5140 - 4
定　　价 / 55.00 元

本书如有破损、缺页、装订错误，请与本社读者服务中心联系更换

▲ 版权所有　翻印必究